艺术专业毕业设计

高等院校应用型『十二五』艺术设计专业系列规划教材

丛书主编 王瑞中

与
就业指导

（服装设计篇）

朱 宁 陈寒佳 编著

合肥工业大学出版社

图书在版编目（CIP）数据

艺术专业毕业设计与就业指导（服装设计篇）/朱宁，陈寒佳编著.—
合肥：合肥工业大学出版社，2014.1
ISBN 978-7-5650-1462-8

Ⅰ.①艺…　Ⅱ.①朱…　②陈…　Ⅲ.①服装学—毕业实践—高等学
校—教学参考资料②大学生—职业选择—高等学校—教学参考资料
Ⅳ.①TS941.1②G647.38

中国版本图书馆CIP数据核字（2013）第196417号

艺术专业毕业设计与就业指导（服装设计篇）

编　　著：朱　宁　陈寒佳
责任编辑：王　磊
装帧设计：尉欣欣
技术编辑：程玉平
书　　名：艺术专业毕业设计与就业指导（服装设计篇）
出　　版：合肥工业大学出版社
地　　址：合肥市屯溪路193号
邮　　编：230009
网　　址：www.hfutpress.com.cn
发　　行：全国新华书店
印　　刷：安徽联众印刷有限公司
开　　本：787mm×1092mm　1/16
印　　张：12.75
字　　数：307千字
版　　次：2014年1月第1版
印　　次：2014年1月第1次印刷
标准书号：ISBN 978-7-5650-1462-8
定　　价：58.00元
发行部电话：0551-2903188

前　言

　　从相关院校历届服装专业毕业生的毕业情况中看出，不少同学在毕业设计阶段或多或少地存在许多问题，例如不能很好地将所学知识串联起来解决实际项目问题，在毕业设计中常常顾此失彼。因此，如果能在毕业时把在学校所学专业的系统知识通过最后的毕业设计完整展现出来，同时和社会实际项目相结合，就能通过毕业设计这个项目将专业知识融会贯通，从而提高学生的就业竞争力。

　　本书内容以服装行业全工作流程为主线，分为两部分：前半部分为服装专业毕业设计指导，介绍了论文撰写要求、格式等基础知识，并从市场调研、灵感来源、设计的表现、服装制版、工艺制作、品牌视觉营销的整个工作流程详细介绍了服装专业毕业设计的相关理论知识及操作技巧，体系完整，使学生通过对各流程项目的详细解析，快速掌握完整的专业系统理论知识与专业实践能力；后半部分为服装专业就业指导，介绍了服装行业发展概况、服装企业岗位职责与能力需求以及相关服装企业求职宝典实例。本书所附光盘中搜集了无锡太湖学院服装设计与工程专业历届毕业设计的部分优秀作品及相关毕业设计资料，以便读者参考。

　　本书第一、二、三、四、六、七、八章以及第五章第五、六节由朱宁编写，第五章第一、二、三、四节由陈寒佳编写。书中的毕业设计作品选自无锡太湖学院历届服装专业优秀毕业设计作品，由于人数众多，不一一列举姓名，在此表示感谢。书中还有部分图片素材来自网络，由于无法得知作者情况，在此也一并感谢。

　　本书编写由于时间仓促，加上经验有限，难免存在诸多不足，敬请读者在使用过程中予以指正，以便我们进一步改进。

编　者

2013年12月

目录

第一部分　服装专业毕业设计指导

第一章　服装专业毕业设计概述

一、服装专业毕业设计的概念

本科毕业设计是本科四年专业教学过程的最后阶段采用的一种总结性的实践教学环节。它要求学生针对某一课题，综合运用本专业有关课程的理论和技术，作出解决实际问题的设计。本科学生毕业论文（设计报告）是高等学校本科毕业生用以申请授予学士学位而提出作为考核和评审的文章，是本专业的学生完成本科教学计划、实现本科培养目标的重要手段和具体体现，是人才培养不可或缺的重要环节。目的是总结检查学生在校期间的学习成果，是评定毕业成绩的重要依据。同时，通过毕业设计，也使学生对某一课题作专门深入系统的研究，巩固、扩大、加深已有知识，培养综合运用已有知识独立解决问题的能力。毕业设计也是学生走上国家建设岗位前的一次重要的实习。通过毕业设计，能使学生综合应用所学的各种理论知识和技能，进行全面、系统、严格的技术及基本能力的练习。

服装专业本科毕业设计是高等学校服装相关专业要求学生针对服装设计、服装制版、服装工艺、服装形象展示和服装营销的某一专业领域课题，综合运用所学专业理论和技能，作出解决实际生产问题的设计或对相关领域作出探索性的设计研究。

二、服装专业毕业设计的目的与要求

服装专业毕业设计的目的是通过毕业设计与成衣制作实践环节，全面检验学生对四年所学专业知识和技能的掌握程度，加强学生对服装系列整体设计、材料的组合与应用、结构设计、工艺制作、服装形象展示、服装营销等专业知识的综合应用和专业能力的锻炼，提高学生分析和解决生产实际问题的能力。

经过毕业设计的全面训练，学生应达到下列要求：

（1）巩固和加深对服装设计基本知识的理解，会综合运用所学知识独立进行服装设计；

（2）熟悉各类服装面料特性，掌握不同面料对版型的要求；精通各类服装的制版、工艺设计、版型、放码及生产流程；

（3）能熟练运用服装缝制设备和正确使用有关特种设备，掌握服装制作原理和基本技能；

（4）掌握市场营销基本理论，并且在理论基础上能够独立进行市场调研、品牌营销策划和服装展示；

（5）能独立钻研有关生产的实际问题，会分析问题、解决问题，具有一定的创意能力和创新能力；会准确分析实践结果，独立撰写设计报告。

第二章 服装专业毕业设计的组织安排

一、毕业设计各级职责

服装专业本科生毕业设计（论文）工作在主管教学校长统一领导下，由教务处、院（系）、教研室、指导教师分级落实完成。

1. 教务处职责

（1）协调解决场地和器材设备，为毕业设计（论文）工作的顺利进行提供保证。

（2）组织校级毕业设计（论文）检查组，负责对毕业设计（论文）教学过程中的各个环节进行质量监督和检查以及组织校外专家对毕业设计（论文）进行二次评议。

（3）组织评选校级优秀毕业设计（论文）和优秀指导教师。

2. 院（系）职责

（1）依据学校毕业设计（论文）成绩评定标准，结合专业特色，制定本院（系）各专业的具体评分标准。

（2）组织审定院（系）毕业设计（论文）题目，确定指导教师。定期检查毕业设计（论文）工作的进度和质量。

（3）评选院（系）优秀毕业设计（论文）和优秀指导教师，并向学校推荐。

（4）做好毕业设计（论文）工作总结。

3. 教研室职责

（1）教研室要成立毕业设计（论文）工作指导小组，成员3~5人。

（2）按照专业培养目标和毕业设计（论文）工作的基本要求，审定毕业设计（论文）题目。审题工作在第7学期末完成。

（3）根据指导教师的条件，确认指导教师名单。

（4）审定选用的毕业设计（论文）题目及指导教师的安排。

（5）检查毕业设计（论文）任务书的填写情况。

（6）考核指导教师的工作，把握毕业设计（论文）的进度和质量。

（7）组织毕业设计（论文）的答辩和成绩评定工作。

（8）做好本专业优秀毕业设计（论文）和优秀指导教师的评选工作。

（9）认真进行工作总结。汇总毕业设计（论文）资料送院（系）归档。

4. 指导教师职责

毕业设计（论文）实行指导教师负责制。每个指导教师应对整个毕业设计（论文）阶段的教学活动全面负责。指导教师条件如下：

（1）毕业设计（论文）指导教师应作风正派、有较高的业务水平和实践经验，必须由讲师或相当于讲师以上的教师担任，教授、副教授必须指导本科生毕业设计（论文）。助教不得单独承担指导工作，但可有计划地安排他们协助指导。经系审核同意，在校硕士生可协助指导毕业设计（论文），博士生可独立或合作指导毕业设计（论文）。

（2）每个指导教师所带毕业设计（论文）的学生数不得超过8人。指导教师确定以后，不要随意更换。在毕业设计（论文）期间，指导教师必须坚守岗位；确因工作需要非出差不可时，必须经主管教学院长（系主任）（出差次数限于2次，总天数不超过14天）批准，并委派相当水平的教师代理指导。

（3）在校外进行毕业设计（论文）工作的学生，可聘请相当于讲师以上的工程技术人员担任指导。有关教研室必须指定专人进行检查，掌握进度，协调有关问题。

（4）指导教师要负责制定毕业设计（论文）任务书，制定毕业设计（论文）进度（以上两项，不得由学生填写）。

（5）指导教师要负责协助学生填写开题报告书。

（6）指导教师既要管教学，又要管思想，还要管纪律，要注意言传身教；要检查学生毕业设计（论文）的进度，认真指导学生，帮助解决实际问题，记载检查结果，填写"毕业作业周次进度计划、检查落实表"并签字，不得有一笔到底、点号代替或一次性完成的情况。

（7）对学生中期情况作一次全面检查，如实填写"毕业设计（论文）中期检查表"。

（8）指导教师应对学生的设计图纸及说明书、论文、作品等毕业作业的初稿、修改稿认真进行修改。学生应保留原始稿件，答辩时上交。

（9）指导教师应经常更新毕业设计论文（设计报告）选题（每2年至少更新一次）。

5. 学生职责要求

（1）学生在选定毕业设计课题后，通过调查，在领会课题的基础上，了解任务的范围及涉及的素材，查阅、收集、整理、归纳技术文献和科技情报资料，并向指导教师提呈开题报告。

（2）学生在接收指导老师毕业设计任务书后，制订毕业设计（论文）工作计划，列出完成毕业设计论文（设计报告）任务所采取的方案与步骤。

（3）学生应主动接受教师的检查和指导，定期向教师汇报毕业设计的进度，听取教师的意见和指导。

（4）学生在毕业设计工作中应充分发挥主动性和创造性，树立实事求是、诚实守信的科学作风，爱护公共财物和文献资料，自觉遵守安全技术规程，爱护实验仪器，坚持节约，杜绝浪费，严格遵守规章制度。

（5）学生必须独立完成毕业设计论文（设计报告）任务，严禁抄袭他人的设计论文（设计报告）成果，或请人代替完成毕业设计论文（设计报告）。一经发现，毕业设计成绩为零分，并根据情节轻重给予纪律处分。

（6）所有学生必须参加毕业设计论文（设计报告）的答辩。

（7）严格遵守学习纪律。学生毕业设计论文（设计报告）期间，无故缺席按旷课处理；因故缺席时间达四分之一以上者，不准参加答辩，其成绩按不及格处理。

（8）学生在毕业设计答辩后，应交回毕业设计的所有材料（包括毕业设计原文、图纸、报告、论文、调研资料、设计实验的原始资料等）。对设计内容中涉及的有关技术资料，学生负有保密责任，未经许可不能擅自对外交流或转让，并协助做好材料归档工作。

二、毕业设计基本工作量

（1）撰写一篇5000~10000字的专题论文（设计报告）；不少于10篇的参考文献。毕业设计论文（设计报告）的撰写应规范完整，格式统一符合要求。

（2）每位学生在完成毕业设计报告的同时要求：翻译一定字数的外文文献或写出一定字数的读书报告，内容要尽量结合课题；使用计算机进行绘图，或进行数据采集、数据处理、数据分析，或进行文献检索、论文编辑等。

（3）制作自定主题的一系列3~6套成衣；制作相关主题的服装品牌VI设计手册、产品宣传册等。

（4）参与组织策划服装毕业汇演，进行服装动态展示。

三、中期检查

中期检查的主要任务是检查毕业结业工作计划的执行情况，包括查看学生的实习报告、调研报告、文献阅读及外文资料翻译、方案分析报告、有关试验数据与企业画册采集、设计草图或论文纲要等，对不合要求的学生给予督促，并帮助其采取补救措施，及时协调并解决指导教师在指导过程中存在的问题。

中期检查由系毕业结业工作领导小组负责组织若干检查组，由检查组具体实施。学校检查由教务处组织有关人员进行巡查或随机抽查。检查方式如下：

（1）查看"毕业作业周次进度计划、检查落实表"（作为工作档案，注意留存）。

（2）随机检查不少于四分之一的学生，重点检查十分之一的学生，并填写"毕业设计（论文）中期检查表"，同时检查指导教师填写的"毕业设计（论文）中期检查表"。

（3）检查组汇总检查结果，及时向学生公布，并向系毕业结业工作领导小组汇报。各系应及时将情况向有关院（系）通报。

（4）检查结束后，各系毕业结业工作领导小组将检查情况及处理意见写成书面汇报材料上报教务处，以便经验交流及提出整改意见。

四、答辩安排

（1）成立院答辩委员会。院答辩委员会由学术水平较高的副教授（或相当副教授）以上的教师担任。答辩委员会的任务是组织领导本院各系的答辩工作，根据答辩要求和评分标准，对有争议的成绩进行裁决，最终决定每个学生毕业设计（论文）的成绩和"优秀毕业设计（论文）"，完成毕业答辩工作总结报告。

（2）成立系答辩分委员会，具体负责各系的答辩工作和推荐"优秀毕业设计（论文）"。答辩委员会根据需要可下设毕业答辩小组，每个答辩小组至少要有3个人组成。答辩分委员会和答辩小组人员应具有中级以上技术职称。

（3）答辩时由答辩人报告毕业设计（论文）主要内容，时间为5~10分钟。答辩小组向答辩人提问，对毕业设计（论文）中的关键问题进行质询，考核学生创新能力、独立解决问题能力以及掌握与课题密切相关的基本理论、基本知识、基本设计和计算方法、实验和测试方法的程度，时间为5~10分钟。

（4）答辩小组评定答辩成绩和写出评语，并综合指导教师、评阅教师、答辩小组三方面的分数和评语，对学生毕业设计（论文）总成绩提出意见，交答辩委员会审定。三方面评分各占总成绩的比例为：指导教师评分占30%，评阅教师评分占20%，答辩小组评分占40%。

对于一致公认有创新的毕业设计（论文），可以加分（范围在5分以内）。

在答辩过程中，如果发现毕业设计（论文）有抄袭或其他严重违规之处，答辩小组对成绩有最后决定权。

（5）对于在答辩过程中答辩较差的学生，在评定及格还是不及格争议较大时，可由系答辩分委员会公开在全系组织第二次答辩，采取无记名投票的方式最后决定其毕业设计（论文）成绩是否合格。

（6）毕业设计（论文）成绩不及格的学生，必须重做。

（7）有下列情况的学生，不得参加答辩：

① 由于学生本人不努力，未能完成毕业设计论文（设计报告）；

② 抄袭他人毕业设计论文（设计报告）；

③无故不参加规定的专题讲座。

学生在校期间，凡在省级以上刊物上发表论著及文章（系独立完成），且密切结合本专业的，经学生本人申请，并经系答辩分委员会审核批准同意，可视为等同毕业设计（论文）成果，可直接参加毕业答辩。

五、成绩评定

毕业设计（论文）成绩是最后将总成绩折算成五级记分（优秀：90~100分；良好：80~89分；中等：70~79分；及格：60~69分；不及格：59分及以下）；获"优秀"的比例控制在15%~20%以内。

六、毕业设计质量的评估

毕业设计（论文）的质量是衡量高校教学质量的关键环节之一，是反馈教学质量信息的重要信息源，对优化人才培养过程、提高人才培养质量具有重要意义。

（1）评估的组织工作可分为四个阶段，即评估的准备阶段、中期检查阶段、后期检查阶段及总评阶段，评估的类型可分为院级评估、系级评估及由教学主管部门组织的评估。

（2）毕业设计（论文）教学工作评价按毕业设计（论文）的条件、状态和效果三个方面的有关内容进行评价；也可按某侧重点进行评估，如毕业设计（论文）质量评价、毕业设计（论文）管理工作评价等。

（3）毕业设计（论文）教学质量校级评估每2~3年进行一次；系级评估每1~2年进行一次。

七、毕业设计进程安排

学生毕业设计（论文）安排在第八学期，时间不少于14周课时。具体时间依据当年教学日历。毕业设计（论文）任务书在第七学期末以前书面下达给学生，以便学生早作准备；如因特殊原因推迟应说明理由，但最迟应于第八学期毕业设计（论文）开始前书面下达给学生。

任务书由教务处统一制定格式，由指导毕业设计（论文）的教师填写，并由指导教师所在教研室主任签名，学生所在院（系）主任签名（或盖章）后，发给学生本人妥善保管。任务书应装订入毕业设计说明书（论文报告）的正文中。

毕业设计大致时间安排：

序　号	论文（设计）各阶段名称	周　数
1	布置毕业设计任务	1 周
2	调研、资料收集；根据调研结果，初步确定毕业设计选题	2 周
3	开题，画设计草图	2 周
4	毕业设计定稿，面料采购，结构设计	2 周
5	成衣剪裁、制作、修正、期中检查、VI 手册制作	3～4 周
6	设计报告编写，静态拍照，产品宣传册制作	2 周
7	文本修改、调整、装订，上交	1 周
8	毕业作品展示，毕业答辩，毕业汇演	1 周
9	成绩评定，质量评估，材料归档	1 周

八、毕业设计资料归档

本科生毕业设计（论文）归学校所有，要按规定做好归档工作。毕业设计（论文）工作结束后，应将所有毕业设计（论文）资料清点整理后交院（系）统一长期保管。

院（系）应汇总的论文资料：

（1）毕业设计（论文）中期检查表；

（2）正式毕业设计论文（报告）一本（包含相关图纸、图表）；

（3）毕业设计（论文）评阅表（指导教师用）；

（4）毕业设计（论文）评阅表（评阅人用）；

（5）毕业设计（论文）答辩评审表；

（6）文献阅读文摘及外文资料翻译（外文原文及中文翻译加封面单独装订）；

（7）包含全部论文内容的光盘；

（8）毕业设计（论文）成绩总表。

第三章　服装专业毕业设计一般流程

服装专业毕业设计(论文)的流程一般应包括：选择课题；毕业开题；市场调研；设计方案制订；撰写论文或设计报告；毕业答辩；毕业汇演；毕业答辩后事项（成绩评定、归档等）。

第一节　课题的选择与确立

1. 课题分类

（1）实际性课题

实际性课题一般来源于设计部门、生产企业或社会招标项目，其设计要求和目的十分明确，具有很强的针对性，可以全面检验出设计者的应变能力、综合应用能力和设计水平，说服力强。实际性课题具有诸多优点，但也同时存在一些不足之处，在毕业设计中最明显的表现就是：设计作品容易受制于受托方的要求，不利于设计水平的发挥。

实际性课题需要毕业生走入社会自行联系和主动争取，毕业实习考察就为此提供了一个绝好的机会，除此以外，还可以依据现阶段网络、报刊、杂志设计征稿，社会设计交流、竞赛或公益活动作为课题来源，进行实际的设计开发。

（2）虚拟性课题

即是把设计课题带到假设的氛围中进行实践，是一种以探索和验证为主的设计过程模式。虚拟性课题的优点是：可以根据毕业生的设计水平、个人喜好和优势自主拟定课题，设计中可以扬长避短、不受局限地自由发挥。

由于虚拟性课题一般是由设计者自己拟定，没有实际的课题来源，设计在某些方面容易存在明显的个人主义色彩，也容易受到设计者个人主观喜好的支配。所以毕业生在采用虚拟性课题进行设计时，有两方面需要引起重视：一方面，选题新颖，敢于挑战自我并完全置身于全面模仿真实设计过程的氛围里，充分体现"以人为本、尊重现实"的总体原则；另一方面，"虚拟"不等于"虚假"，虽然没有真实的客户要求，但仍然要保证设计过程的完整性和规范性，以及设计作品的可靠性和可推广性，不进行没有实际价值的虚假设计。

2. 选题原则

恰当的选题是搞好毕业论文(设计)的前提。服装毕业设计的选题应当遵循以下原则：

（1）课题必须符合本专业的培养目标及教学基本要求，体现本专业基本训练的内容，使学生受到全面的锻炼。在保证基本训练、掌握本学科的基本功的基础上尽可能安排做一些提高性的、拓展性的研究专题。

（2）选题应体现"教学、科研、生产与现代文化、经济"相结合的原则。在符合专业基本教学要求的前提下，应结合生产实际、科学研究、现代文化、经济建设的任务进行，以利于培养学生严谨的科学态度和认真负责、一丝不苟的工作精神，也有利于调动他们的工作积极性。

（3）选题以中、小型题目为主。论文(设计)的工作量要适当，应使学生在规定时间内经过努力能基本完成全部内容，或者能有阶段性的成果，既不使学生承担的任务过重，结束时遗留很大的尾巴，又不因任务过少，造成学生空闲，以致达不到基本训练的要求。

（4）选题应力求与教师的科研任务密切结合。本科生课题可以是研究课题的一部分或一个专题，但应注意分清层次，明确各自的研究内容和要求。

（5）课题的类型可以多种多样，贯彻因材施教的原则，使学生的创造性得以充分发挥，以利于提高课题成果的质量。

（6）毕业论文选题要有新颖性、原创性、前沿性，力求有益于学生综合运用多学科的理论知识与技能。

第二节　开题原则与方法

课题分配原则：每人一题，如果题目比较大，最多限定不超过两位学生共同参与，一定要在副标题、内容、要求上有所区别，每个学生要有独立完成的工作内容及相应的要求。

选题由指导教师提出报告，说明其意义、目的、要求、主要内容、前期工作及具备的条件，经教研室审定，报院（系）教学主任批准后，方可列入选题计划。选题计划公布后，学生根据自己的情况或兴趣，申报选择意向，再由教研室协调。教研室根据学生意向和学生本人的实际能力、成绩以及课题的类型、分量、难易程度，结合指导教师的意见，进行综合平衡，最后确定课题分配，并以书面形式将毕业设计任务书下达给学生。

课题确定后，指导教师应认真填写毕业设计任务书，任务书中除写明选题的目的、意义和布置整体工作内容（包括设计题目、工程地点和规模以及设计内容），提供必要的资料、数据外，应提出明确的技术要求和量化的工作要求，包括开题报告或方案论证，完成图纸数目，外文翻译、外文摘要及论文（报告）的字数等。按毕业设计各教学环节拟定阶段工作进度。若是由多个学生共同完成的项目，必须明确毕业设计学生应独立完成的工作内容和要求，以保证每个学生都能接受较全面的训练，同时又具有各自的特点。

第三节 设计调研与资料收集

1. 设计调研

设计调研是设计实施过程中的一个重要环节，作为把握设计方向、确立目标以及完善设计结果的必要手段，设计调研的内容与方法在理论和实践两个层面上都得到了深入的探讨，从而为设计的实现提供了科学而有效的方法论基础。

设计调研的内容十分广泛，而且不同的设计领域和设计项目又各自拥有针对性较强的调查内容。一般来说，其内容主要包括消费者情况调查、竞争情况调查、产品情况调查和相关环境调查等几个部分，可概括为社会调查、市场调查和产品调查三大板块。

（1）社会调查

社会调查应立足于社会需求、社会因素（人与设计对象的关系）的角度进行分析，通常是有针对性地对消费市场、消费动机与行为、消费方式与习惯、消费者期望值等涉及消费者的内容展开调查研究。

（2）市场调查

市场调查是针对设计对象的行销区域从环境因素（设计物与环境的关系）的角度进行调查分析，其中环境因素包括经济环境、地域环境、社会文化环境、政治环境及市场环境等方面。

（3）产品调查

产品调查是以产品自身为主体，对产品的过去及现在进行调查分析。产品的现状包括产品的款式、面料、色彩、结构设计、制作工艺和成本、销售情况、使用功能、品牌形象等多个方面；产品的过去涉及对产品的历史发展状况的调查，还广泛包括产品变迁、更新换代的原因及存在形式等内容。

2. 资料收集

资料包括原始资料和次级资料两种，通过直接调查收集的第一手资料为原始资料；经过他人收集整理的第二手资料，为次级资料，如来自国家权威机构公布的统计资料、政策法令，或由刊物报道、情报咨询机关提供的市场信息等。

资料的来源有多种途径，直接从社会引入的设计项目或设计课题，客户信息（特色、规模、实力、理念、前景等）和产品信息（如产品特点、功用、价位、制作材料、生产工艺等）可由委托方提供；有关于社会经济和文化发展状况、市场现状、目标消费群体需求动机与价值趋向、竞争对手概况及国内外同等设计项目发展水平的相关资料，由设计者本人或委托他人进行市场调研（如参观访问、抽样调查、实地拍摄等），必要时还要到图书馆查阅或运用互联网搜索的方法来进行资料收集。

需要提醒的是，不论是原始资料还是次级资料，都要大致确定资料来源的真实性，选择针对性强的来源地，不可片面地追求"大而全"。

第四节　设计方案的制订

1. 设计目标定位

设计定位包括目标市场定位、产品定位和设计方法定位。设计定位是确立设计诉求的基点，没有定位就无法确定设计的目标对象，难以有的放矢地进行设计，也难以突出设计个性、设计重心和设计竞争力。设计定位准确有助于设计在市场中综合价值的实现，更有利于消费群体的识别、比较、接受。

学生在进行毕业设计时，不论是实际课题还是虚拟课题，在全面掌握了有关调查的信息和资料后，接下来是将调查结果进行整理和分析，剔除其中可有可无或相互矛盾、混乱不清的部分，让复杂的内容逐渐条理清晰地呈现，其目的在于发现需要解决的问题，并使之明确化、系统化；然后，根据调查结果对设计项目的相关资料进行科学分析和深入研究，使结果对设计产生正确指导性影响，从而锁定设计目标，将其准确定位并由此确立毕业设计课题。

2. 设计构思展开

构思的过程是一个思路展开的过程，也是把感受提炼、凝结的过程。设计构思是设计者创造能力充分展现的阶段，其基础是对设计项目的相关资料的深入分析和研究，从中寻求解决问题的方案。

设计构思的表达一般为平面（如绘制草图）方式，无论采用何种方式，一定要体现结构、款式、色彩、面料质地等视觉要素。

3. 设计方案的制订

制订设计方案即合理安排设计进程和实施设计计划，有目的、有程序地设定各个阶段的主题和任务，并拟订出合理的设计计划及制定详细的设计工作进程表，严格遵照计划循序渐进地完成各阶段任务。

4. 设计作品的制作

毕业设计进行到这个阶段，就进入到了一个非常关键的步骤——制作设计作品，设计开始有了实质性的进展。设计制作大致上有以下几个方面内容：

（1）电脑辅助设计

服装专业的毕业设计作品大多要借助电脑进行辅助设计制作，因此，正确认识设计的本质，正确对待电脑之于设计的作用，操控电脑而非依赖电脑，才能使毕业设计作品不流于表面形式，才能既有深度又有广度。

服装设计领域对于电子计算机的运用主要集中在三个方面：一是平面设计（VI设计、广告企业画册设计）；二是三维服装展示效果设计；三是以各种CAD软件所进行的辅助设计（效果图、款式图、纸样图等）。

（2）毕业论文（设计报告）、产品宣传册、VI手册数码印刷

所谓数码印刷，简而言之就是由电子文件直接成像于印刷介质（如纸张）。它是有别于传统印刷的一种全新印刷方式，其最大的特点在于无须制版、按需印刷、立等可取、即时纠错、

图3-4-1 毕业设计效果图：大海情怀

图3-4-2 毕业设计款式图之一：大海情怀

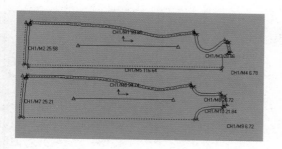

图3-4-3 毕业设计纸样图之一：大海情怀

图3-4-4 毕业设计品牌宣传册：大海情怀

图3-4-5 毕业设计品牌VI手册：波尔卡变奏曲

图3-4-6 毕业设计展板：生命的图腾

图3-4-7 毕业设计VI展板：波尔卡变奏曲　　图3-4-8 毕业设计成衣展板：英伦女孩

灵活可变，能够一张起印按需出版，满足服装设计专业的设计报告（论文）、宣传手册、VI手册、VI设计实物等短版项目的印刷需求。

（3）作品展板等彩色喷绘与写真

彩色喷绘机、写真机也是平面设计最常用的输出设备，它除了具有数码印刷的许多特点外，还具有承印幅面大、承印材料多样性的特点。

喷绘使用的介质主要有广告布、高光相纸、布纹相纸、PP背胶纸、合成织物及高细度丝绸等。这些承印材料具有表面质量好、使用强度高、印刷效果佳的优势，适合做大幅面的广告宣传画、招贴广告、效果图、作品展板、服装毕业汇演舞台背景等。

作品展板的制作方法是先将设计完成的作品固定在相应的KT板上（用PP背胶纸印刷的作品可以机械压贴，无背胶作品可以用双面胶粘贴），然后把塑料边框截取成与KT板四边相等的长度，各边框两端斜切成45度角，用塑料边框将KT板和作品一同夹紧，四角各对齐为90度直角即可。由于塑料边框很容易脱落，所以需要在KT板的背面用透明胶带把塑料边框和KT板粘贴在一起，这样可以有效防止边框脱落。

（4）样衣制作

样衣制作是以实物的形式，将抽象的服装设计图纸转化为成衣实物，形象地表现设计意图和效果。它的表现力和感染力是服装设计中的效果图、款式结构图和纸样图所无法代替的。样衣一般按设计风格可分为实用装和创意装两种，实用装以适合日常生活穿着为主，创意装以适合舞台表演、形象展示为主。

（5）制作PPT演示文档

毕业答辩时采用PPT演示文档，可使毕业生更好地传达设计意图、表现设计理念、展现设计全过程以及设计前的调研、资料收集等情况，能更全面地了解毕业生的设计能力和对理论的掌握情况，使毕业答辩更具前沿性、学术性、实效性和观赏性。

演示文稿的制作，一般要先准备素材，如演示文稿中所需要的一些图片、声音、动画等文件。然后确定方案，对演示文稿的整个构架作一个设计，再将文本、图片等对象输入或插入到相应的幻灯片中，最后对幻灯片中相关对象的要素（包括字体、大小、动画等），进行装饰处理，设置播放过程中的一些要素，预演满意后正式输出播放。

制作PPT演示文档注意事项：

①要对说明性文字的内容进行概括性的整合，将说明性文字分为引言、设计目的和意义、材料和方法、预期效果和结果、结论、致谢等几部分，做到语言精练、条理分明、层次清晰。

②在每部分内容的Presentation中要遵循以下原则：图的效果好于表的效果，表的效果好于文字叙述的效果，最忌满屏幕都是长篇大论，让评委心烦；能引用图表的地方尽量引用图表，的确需要文字的地方，要将文字内容高度概括和简洁明了化，必要时用箭头引出或编号标明。

③在PPT中穿插资料性图片、效果图、作品照片时，要注意图片应大小适中、主次分明（适当做大小穿插和重叠变化），以营造出良好的视觉感受。

④在幻灯片的内容和基调上，背景适合用深色基调，例如深蓝色；字体用白色或黄色的黑体字，显得很庄重。值得强调的是，无论用哪种颜色，一定要使字体和背景形成明显反差，构成清晰的对比效果，以清晰、明了、赏心悦目为好。另外，背景还应该尽量简洁一些，PPT作为演示文档，每一页的文字不要太多，文字与背景色对比要强烈，页面设计不能过于繁杂、变化太多，做得过于热闹可能会起到反作用。

⑤为了确保在答辩的演示过程中不出现纰漏，最好能提前一天到答辩现场预调试，根据现场的投影仪效果再调整颜色和背景，直至视觉效果满意为止。

第五节　毕业答辩

1. 毕业答辩的准备工作

（1）检查毕业设计作品。学生应用一天左右的时间来检查毕业设计作品和毕业设计材料中是否有疏漏，如有遗漏、破损、错误，还有充足的时间进行补充和纠正。

①核对毕业设计作品的数量是否达到毕业设计任务书的要求；作品的完成情况是否专业规范、无明显错误；先期完成的作品是否由于保管不当而出现破损或残缺；整体审视作品是否存在需要弥补的缺憾；检查已刻录的光盘是否能顺利打开、浏览和演示；查阅电子文档是否有遗漏的内容；如果存在问题要及时予以修正。

②文本资料更需要逐字、逐句地重点检查，并且反复校对多遍。通常文本容易存在大量的错字、漏字、别字、窜行、错行、乱行、标点遗漏和乱用，以及英文翻译不当、语法错误、注释和参考文献排序错误、信息缺失、文献陈旧等常见问题，这些属于文字功夫或校对责任的问题，发现了纠正即可。

（2）设计作品展示布置。学生应用半天的时间来对设计作品的展示进行预先布置，防止在答辩现场出现手忙脚乱的局面而影响答辩的正常进行。这项工作完成后，将小件作品（包括光盘、文本资料等）集中放置在牢固、便携的手提袋或纸箱中，易碎物品要分别用报纸或软布包好后再集中放置，易损怕压的作品应单独放置或尽量避免挤压；大件作品，如已装裱的招贴广告、效果图等，要集中用绳索捆绑在一起，预留出提手，有利于集中搬运。将作品提前集中安置，可以有效地避免答辩当天丢三落四的情况。

（3）答辩准备。学生应用半天时间对答辩过程进行周密安排，例如对作品展示、设计过程介绍、回答教师提问、致谢词的时间作出合理分配；其中设计过程介绍尤其需要重视，最好在纸上将提纲按顺序逐一列出，分清主次，选择要点进行详细阐述，次要部分略加介绍即可；设想一下评委有可能提问的问题，做好应答的准备；答辩即将结束时，千万不要忘记致谢词，致谢内容不在乎多少，而在于感情的真实表达。

2. 毕业答辩程序

（1）设计过程陈述

陈述设计过程不是宣读设计说明书，而应该简要说明设计课题的来源、依据、意义，以及设计所采取的手段、技术和预期效果，着重介绍在这次毕业设计中我做了什么、为什么做、做到了什么程度。

因此，学生在陈述设计过程的时候主要是介绍自己在设计阶段所完成的工作，建议采用以下思路准备陈述报告：概括说明设计背景和设计方向；为取得预期效果，所采取的设计手段以及这样设计的理由；设计作品完成情况及应用价值（与行业现状比较，自我评价）。

（2）致谢词

学生致谢应以简短的文字对毕业设计过程中间直接给予指导的指导教师、评阅教师，对毕业设计提出有益的建议或给予过帮助的教师、同学和给予资助的人员、实习的单位及个人表示自己的谢意，这不仅是一种礼貌，也是对他人劳动的尊重，是当代大学生应有的思想风范。致谢文字要简洁（一般在500字以内）、言辞应恳切、实事求是，切忌浮夸和庸俗之词。

（3）评委提问

评委提问的问题，一般在3个左右，都是涉及与设计作品或专业理论相关的内容，也是设计者应该具备的专业常识和能够回答的问题。比如针对设计者反复强调的重点部分，或是设计者疏忽的问题，也有可能对设计作品中的薄弱环节和不足之处进行提问，必要时甚至会作一些外延，以便了解设计者专业知识的广度和深度。可以肯定，需要你回答的，都是有一定分量、能够更真实地反映出设计者知识结构和专业水平的关键性问题，不会对整个学科知识进行提问，也不会面面俱到、细致入微，更不会故意刁难答辩毕业生。

（4）进行辩论

学生回答提问时，应充满自信、落落大方、思维敏捷、概念清晰、观点正确、论据确凿；进行辩论时要有理有据并适当举证，概括而言就是：作答准确、深入，知识面广，尽量用流利清晰的语言表述自己对该问题的理解和看法，完全没有必要照本宣科地背诵答案。

3. 答辩技巧与注意事项

（1）注意事项

①衣着得体，仪态端正；

②彬彬有礼，举止文雅；

③准备充分，信心倍增；

④排除干扰，轻松表达；

⑤相互尊重，取长补短。

（2）答辩技巧

①突出特色，扬长避短。

客观地说，再优秀的设计作品也不可能是完美无缺的，学生在介绍毕业作品时，要懂得扬长避短，突出设计特色，不要将介绍仅仅停留在一些肤浅的、有目共睹和人所共知的内容上。

②追求细节，生动演示。

恰恰一些设计的重点或独特之处，往往是一些不易发现的细枝末节。那么，我们在介绍设计作品时可以近距离地面对评委，将主要部分展示给评委看，边讲解、边演示，这样不仅直观生动，而且不至于将设计中的"亮点"埋没。

③集中精力，听清提问。

回答评委提问时，要礼貌地目视对方，集中精力听清提问，无须死记，要靠理解。如果对所提问题没有理解清楚，可礼貌地请提问者再说一遍，或者把自己对问题的理解复述出来，如"请问是不是这个意思？"得到确认后，就可作出回答。不要在不确定的情况下贸然作答，因为回答不理解的问题，极可能答非所问。

④有把握，就大胆辩论。

有把握的问题可以充分回答，以发挥自己在这个问题上的优势；如果遭遇质疑或反驳，答辩人可以有理有据地进行辩论，适时地表现你的才能和理论深度。在有把握的前提下，不要受到反驳就放弃，这样会显得你心虚、不自信，而且你放弃的可能是一个自我表现和展示的机会。

⑤把握不大，就谨慎辩论。

有些提问可能让你感到既熟悉又陌生，虽然不想轻易放弃，但也应谨慎行事，因为评委都是权威，提出这个疑问肯定是有根据的。所以，遇到这种情况，建议先试探性地作答，观察评委的反应，然后见机行事。如果发现评委在仔细聆听，说明你的思路没错，你可以大胆地继续作答；假如评委打断你的话，对你予以提示，得到提示后，有把握就接着作答，还没有把握就只有放弃，虚心请评委指教，虽然表面看来你似乎不成功，但实际上你让大家看到了一个不轻言放弃并勇于争取的你。

⑥没有把握，就虚心请教。

遇到没有把握的情况，不能信口胡说，更不能企图蒙混过关，因为你面对的都是专家；可以实事求是地表示，自己还没有搞清这个问题，希望各位老师能够不吝赐教，并且诚恳表示今后一定虚心学习、努力提高。需要提醒的是，不要轻易选择这种方式，以为评委对所提问题的难易程度非常清楚，假如你遇到的问题有一定难度，这样做并不表明你无知，反而说明你虚心好学，可以尽量博得评委们的好感和谅解；反之，你轻易放弃的是一道常识题，那恰恰就暴露了你的无知。

⑦懂进退，知取舍。

有时评委会对你千辛万苦设计出来的作品"百般挑剔"，这样做的目的有两个：一是针对作品中的"亮点"提问，以考查其是"有心栽花"之作，还是"无心插柳"之为；二是针对作品中的"糟粕"提问，这是为了考查设计者是否有"自知之明"。所以，不是所有的"挑剔"都针对缺陷，有时也会针对优点。你一定要能正确判断，不要不加分辨就"勇敢"地"承认错误"，看似虚心，实则是心虚。

如果是"有心栽花"，你当然知道评委期望得到一个怎样满意的答复；假如是"无心插柳"，那么你当然领悟不到评委们的良苦用心。即使作品存在明显缺陷，也贵在有"自知之明"，你要勇于承认，并主动提出改进意见，表示今后在设计中一定会注意，不再犯同样的错误。对于自己的错误，不要辩解，更不能狡辩，强词夺理则会使你错上加错。

4. 毕业设计评分细则

毕业设计最终成绩的评定大致由以下四个部分组成：

一是由指导教师根据所指导毕业生的设计进展和设计完成情况，填写指导教师评阅表，评出成绩。指导教师评阅的重点是考核毕业生的学习态度和工作量的完成情况；毕业设计作品的完整性和规范性；设计水平和计算机应用能力；综合运用知识能力和创新能力。指导教师评出的分值占最终成绩总分值的30%。

二是由答辩组评委根据毕业生毕业设计作品的质量和应用价值，填写评阅教师评阅表，评出成绩。重点是考核毕业设计选题的意义、设计水平、设计的可靠性和可推广性、设计的创新性以及作品的规范性和完整性等。其分值占最终成绩总分值的20%。

三是由答辩组评委（3~5名专兼职教师组成）根据毕业生在毕业答辩过程中的表现填写毕业答辩评分表，评出成绩。答辩组评阅的重点是考核答辩人课题介绍、设计过程陈述、设计作品介绍、必答题答辩情况以及自由提问答题情况。答辩成绩的分值占最终成绩总分值的40%。

四是毕业服装作品汇演情况。重点是考核每位学生服装作品走秀时服饰搭配的整体性、汇演活动的参与性和组织策划能力等。汇演成绩的分值占最终成绩总分值的10%。

5. 归档管理

总体原则：对毕业设计（论文）工作各阶段形成的材料（包括上报学校的），院、系均应留存。院、系工作材料应齐全、规范、存放有序，以便于查找。表、单等的填写应完整，主办人员及主管负责人应予签名。

具体要求：

各类材料按工作时间顺序排列、装订存放；要求有封面、目录、页码，内容包括：

（1）院、系毕业结业工作领导小组名单；

（2）院、系进行的毕业设计（论文）工作部署、动员、讲座等方面的文字材料；

（3）毕业设计（论文）课题及选题清单（含课题更新内容），各专业课题、指导教师情况统计表，后附各专业学生毕业结业工作计划表（分专业班级）；

（4）院、系毕业设计（论文）工作中期检查情况报告：收齐"中期检查表（教师表）"，汇总后形成"中期检查表院系表"，并形成文字材料；

（5）院、系毕业设计（论文）答辩委员会、分委员会及答辩小组名单；

（6）系毕业设计（论文）答辩日程；

（7）系优秀毕业设计（论文）登记表及院的批文；

（8）系所报的优秀毕业设计（论文）指导教师推荐表及院的批文；

（9）院、系毕业设计（论文）质量检查情况：表格的汇总，并据此形成的文字材料；

（10）院、系毕业设计（论文）管理工作检查情况：表格的汇总，并据此形成的文字材料；

（11）院、系毕业结业工作总结。

以下材料单独装订：

（1）分专业、按学号排列的毕业设计（论文）清单；

（2）毕业设计（论文）评审表（按专业班级、学号）；

（3）毕业答辩评分记录表（按答辩小组为序）。

毕业论文(设计)资料的保存由各院(系)编号保存，归档内容包括学生的毕业设计报告或毕业论文(含电子版)、教师评语、图纸、实验报告等，保存期限不低于三年。务必做到每位学生的毕业论文(设计)资料齐全正确。

第四章　毕业设计论文（设计报告）格式规范

一、毕业设计论文（设计报告）文本的撰写内容与要求

一份完整的毕业设计论文（设计报告）应包括以下几个方面（接装订顺序列出）：

1. 封面

采用学校统一的格式，用A4白色铜版纸打印。除编号外，各项目要填写完整、准确。

题目应该简短、明确、有概括性。题目字数要适当，不宜超过20个字，如果有些细节必须放进题目，可以另加副题。

2. 毕业设计（论文）任务书

采用学校统一格式填写。

不得用纸张粘贴方式，各项内容按要求填写完整、准确。

各级签字必须完整且不得代签和打印。

复印装订前所有内容必须完整，不得复印后再签字或增补内容。

3. 论文摘要或设计总说明

论文摘要以浓缩的形式概括论文的中心思想、主要内容以及论文的理论及现实意义。中文摘要在400字左右，外文摘要与中文内容相同。关键词一般以3~5个为妥，应能反映论文的中心议题；关键词之间用分号隔开，置于摘要的下方。

设计总说明主要介绍设计任务来源、设计标准、设计原则及主要技术资料，中文字数要在1000~2000字以内，外文字数以500~1000个左右实词为宜，关键词一般以5个左右为妥。

4. 目录

目录是论文的提纲，应层次分明，一般按三级标题编写（即：1……；1.1……；1.1.1……）。目录中的标题应与正文中的标题一致，附录也应依次列入目录。

5. 正文

毕业设计论文（设计报告）正文包括绪论、正文主体与结论，其内容分别如下：

绪论应说明本课题的意义、目的、研究范围及要达到的技术要求；简述本课题在国内外的发展概况及存在的问题；说明本课题的指导思想；阐述本课题应解决的主要问题；在文字量上要比摘要多。

正文主体是对设计、研究工作的详细表述，其内容包括：课题相关品牌市场调研；课题相关研究文献综述；课题设计定位；课题设计思想及创作过程；设计成果等。

课题相关品牌市场调研，就是选择2~3个与自己毕业设计课题类似风格的服装品牌，并从产品（款式、面料、色彩、做工、价格、风格）定位、消费者（人口统计因素、消费动机、生活方式）定位、营销策略（商品组合、价格、销售渠道、促销策略、陈列展示）等三个方面来进行简要比对调查分析和总结。课题相关研究文献综述是指对通过知网、维普、万方等三大期刊论文网和互联网搜索引擎搜索与自己课题相关的国内外最新理论研究成果的归纳和总结。课

题设计定位就是从产品定位、消费者定位角度对自己的毕业设计课题进行定位分析。课题设计思想及创作过程就是毕业设计（服装设计、VI设计部分）从设计草图到设计正稿、纸样设计到面料裁剪、成衣制作（VI印刷制作）的完整工艺制作流程的创意制作过程，并附相应服装主辅色卡（VI标准色、辅助色）、面料小样及文字说明、相应的详细成品制作过程步骤图片及文字说明。设计成果一般包含服装设计成果和VI设计成果两个部分。服装设计成果包括系列服装设计效果图及单套服装设计文字说明、系列服装成衣效果图、制作工艺图（款式结构图、纸样标注图、全系列任选一套的排料图、工艺流程图和总成本核算表）；VI设计成果包含标志、标准字、标准色设计及文字说明和应用系统部分实物陈列展示图、VI手册封面封底、品牌宣传册的封面封底等。

结论是对整个研究工作进行归纳和综合而得出的总结，对所得结果与已有结果的比较和课题尚存在的问题，以及进一步开展研究的见解与建议。结论要写得概括、简短。

6．致谢

致谢应以简短的文字对在课题研究和毕业设计论文（设计报告）撰写过程中曾直接给予帮助的人员或单位表示自己的谢意，这不仅是一种礼貌，也是对他人劳动的尊重，是治学者应有的思想作风。

7．参考文献

参考文献是毕业设计论文（设计报告）不可缺少的组成部分，凡有引用他人成果之处，均应按在文中所出现的先后次序列于参考文献中；并且只应列出正文中以标注形式引用或参考的有关著作和论文。一篇论著在文中多处引用时，在参考文献中只应出现一次，序号以第一次出现的位置为准。一般毕业设计(论文)的参考文献不宜过多，但应列入主要的文献10篇以上（含外文文献）。

8．附录

附录是对于一些不宜放在正文中但有参考价值的内容，可编入毕业设计（论文）的附录中，例如市场调查表、所获专业奖项等。

二、毕业设计论文（设计报告）写作细则

1．书写

毕业设计论文（设计报告）一律用A4纸打印，双面印刷；手写时必须用黑或蓝墨水，文稿纸背面不得书写正文和图表。正文中的任何部分不得打（写）到文稿纸边框以外，文稿纸不得随意接长或截短。汉字必须使用国家公布的规范字。

2．标点符号

毕业设计(论文)中的标点符号应按原新闻出版总署公布的"标点符号用法"使用。

3．名词、名称

科学技术名词术语尽量采用全国自然科学名词审定委员会公布的规范词或国家标准、部标准中规定的名称，尚未统一规定或叫法有争议的名称术语，可采用惯用的名称。使用外文缩写

代替某一名词术语时，首次出现时应在括号内注明其含义。外国人名一般采用英文原名，按名前姓后的原则书写。一般很熟知的外国人名（如牛顿、达尔文、马克思等）可按通常标准译法写译名。

4. 量和单位

量和单位必须采用中华人民共和国的国家标准GB3100～3102—1993，它是以国际单位制（SI）为基础的。非物理量的单位，如件、台、人、元等，可用汉字与符号构成组合形式的单位，例如件/台、元/千米。

5. 数字

毕业设计论文（设计报告）中的测量统计数据一律用阿拉伯数字。

6. 标题层次

毕业设计论文（设计报告）的全部标题层次应有条不紊、整齐清晰。相同的层次应采用统一的表示体例，正文中各级标题下的内容应同各自的标题对应，不应有与标题无关的内容。

章节编号方法应符合国家标准。例如：科技论文的章节编号方法应采用分级阿拉伯数字编号方法，第一级为"1"、"2"、"3"等，第二级为"2.1"、"2.2"、"2.3"等，第三级为"2.2.1"、"2.2.2"、"2.2.3"等，但分级阿拉伯数字的编号一般不超过四级，两级之间用下角圆点隔开，每一级的末尾不加标点。各层标题均单独占行书写。第一级标题居中书写；第二级标题序数顶格书写，后空一格接写标题，末尾不加标点；第三级和第四级标题均空两格书写序数，后空一格书写标题。第四级以下单独占行的标题顺序采用A.B.C.…和a.b.c.…两层，标题均空两格书写序数，后空一格写标题。正文中对总项包括的分项采用(1)、(2)、(3)…单独序号，对分项中的小项采用①、②、③…的序号或数字加半括号，括号后不再加其他标点。

7. 注释

毕业设计论文（设计报告）中有个别名词或情况需要解释时，可加注说明。注释可用页末注（将注文放在加注页的下端）或篇末注（将全部注文集中在文章末尾），而不可行中注（夹在正文中的注）。注释只限于写在注释符号出现的同页，不得隔页。

8. 公式

公式应居中书写；公式较长时最好在等号"＝"处转行，如难实现，则可在＋、－、×、÷运算符号处转行，运算符号应写在转行后的行首。公式的编号用圆括号括起放在公式右边行末，公式和编号之间不加虚线。

9. 表格

每个表格应有表序和表题，表序和表题应写在表格上方正中，表序后空一格书写表题。表格允许下页接写，表题可省略，表头应重复写，并在右上方写"续表××"。

10. 插图

毕业设计的插图必须精心制作，线条粗细要合适，图面要整洁美观。每幅插图应有图序和图题，图序和图题应放在图位下方居中处。图应在描图纸或在白纸上用墨线绘成，也可以用计算机绘图。

11．参考文献

参考文献一律放在文后，书写格式要按国家标准GB7714—1987的规定。参考文献按文中出现的先后统一用阿拉伯数字进行自然编号，一般序码宜用方括号括起，不用圆括号括起。

各类参考文献条目的编排格式及示例如下：

（1）连续出版物

［序号］主要责任者．文献题名[J]．刊名，出版年份，卷号(期号)：起止页码．

例如：［1］毛峡，丁玉宽．图像的情感特征分析及其和谐感评价[J]．电子学报，2001，29(12A)：1923–1927．

[2] Mao Xia, et al. Affective Property of Image and Fractal Dimension [J]. Chaos, Solitons & Fractals. U. K. ，2003:V15 905–910.

（2）专著

［序号］主要责任者．文献题名[M]．出版地：出版者，出版年：起止页码．

例如：[3] 刘国钧，王连成．图书馆史研究[M]．北京：高等教育出版社，1979：15–18，31．

（3）会议论文集

［序号］主要责任者．文献题名[A]．主编．论文集名[C]．出版地：出版者，出版年：起止页码．

例如：[4] 毛峡．绘画的音乐表现[A]．中国人工智能学会2001年全国学术年会论文集[C]．北京：北京邮电大学出版社，2001：739–740．

（4）学位论文

［序号］主要责任者．文献题名[D]．保存地：保存单位，年份．

例如：[6] 张和生．地质力学系统理论[D]．太原：太原理工大学，1998．

（5）报告

［序号］主要责任者．文献题名[R]．报告地：报告会主办单位，年份．

例如：[7] 冯西桥．核反应堆压力容器的LBB分析[R]．北京：清华大学核能技术设计研究院，1997．

（6）专利文献

［序号］专利所有者．专利题名[P]．专利国别：专利号，发布日期．

例如：［8］姜锡洲．一种温热外敷药制备方案[P]．中国专利：881056078，1983–08–12．

（7）国际、国家标准

［序号］标准代号，标准名称[S]．出版地：出版者，出版年．

例如：[9] GB/T16159—1996，汉语拼音正词法基本规则[S]．北京：中国标准出版社，1996．

（8）报纸文章

［序号］主要责任者．文献题名[N]．报纸名，出版日期(版次)．

例如：[10] 毛峡．情感工学破解"舒服"之迷[N]．光明日报，2000–4–17(B1)．

（9）电子文献

［序号］主要责任者. 电子文献题名[文献类型/载体类型]. 电子文献的出版或可获得地址，发表或更新的日期/引用日期(任选).

例如：［11］王明亮. 中国学术期刊标准化数据库系统工程的进展[EB/OL].
http://www.cajcd.cn/pub/wml.txt/980810-2.html，1998-08-16/1998-10-04.

三、毕业设计论文（设计报告）相关资料的撰写内容与要求

与毕业设计论文（设计报告）相关的资料有以下几个方面：

1. 毕业设计论文（设计报告）开题报告

采用学校统一格式。封面及内容要符合要求，填写完整、准确。不得采用纸张粘贴方式。签字要全，不得代签。签字日期要准确。

2. 翻译资料及原文

每位学生在完成毕业设计论文（设计报告）的同时要求翻译与设计（论文）相关的外文专业文献。

3. 进度计划、检查落实表

该表由指导老师统一填写，制定毕业设计（论文）进度，并按照进度表严格检查学生落实情况，解决实际问题，记载检查结果。指导老师记载、签字要认真，不得有一笔到底、点号代替或一次性完成的情况。

4. 实习鉴定表

学生要认真填写表格内容，作出自我鉴定并取得实习单位的鉴定意见。

四、毕业设计论文（设计报告）文本及相关资料书写要求

论文题目：2号黑体加粗。

一级标题：3号黑体加粗。

二级标题：4号黑体加粗。

三级标题：小 4号黑体加粗。

正文：小4号宋体；参考文献用5号宋体字。

页码：5号宋体。

数字和字母：Times New Roman体。

版面：A4幅面。

行距：1.25倍。

页码：居中。

边距：上空2.5cm，下、左、右各空2cm，装订线一侧增加5mm空白。

页眉：奇数页书写"本人毕业（设计）论文的题目"，偶数页为"xx大学学士学位论

文"，用宋体小五号书写。

编辑环境：Microsoft Word97以上版本，Word文档doc方式存盘。

VI手册、宣传册图片jpg格式，300dpi保存。

毕业设计相关资料书写要求同毕业设计论文（设计报告）。

五、毕业设计论文（设计报告）装订要求

1. 总体原则

归档材料分"毕业设计论文（设计报告）文本"及"毕业设计论文（设计报告）相关材料"两类，按要求分别装订成册后放入专用资料袋中（一个学生一个资料袋）。

2. 装订要求

"毕业设计论文（设计报告）文本"装订顺序：

（1）封面；

（2）诚信承诺书；

（3）任务书；

（4）中英文摘要；

（5）目录；

（6）正文；

（7）致谢；

（8）参考文献目录；

（9）附录。

"毕业设计（论文）相关资料"装订顺序：

（1）封面；

（2）目录；

（3）毕业设计（论文）开题报告；

（4）毕业设计（论文）外文资料翻译及原文；

（5）学生"毕业设计（论文）计划、进度、检查及落实表"；

（6）实习鉴定表。

3. 归档要求

资料袋以专业班级为单位，按学生学号为序存放三年。

4. 其他

对毕业生所交的材料以专业班级为单位应指定专人检查验收，并按规定集中、有序、妥善保管。

以上工作要求毕业生在答辩前完成，经指导老师和院系审查合格后方能参加答辩。

第五章 服装专业毕业设计具体流程解析

第一节 选题、定题

所谓选题，顾名思义，就是选择毕业设计及毕业设计论文（设计报告）的论题，即在毕业设计及写毕业设计论文（设计报告）前，选择确定所要研究论证的问题。正确而又合适的选题，对进行毕业设计、撰写毕业论文具有重要意义。通过选题，可以大体看出作者的研究方向和学术水平。爱因斯坦曾经说过，在科学面前，"提出问题往往比解决问题更重要"。提出问题是解决问题的第一步，选准了论题，就等于完成了毕业设计的一半，题目选得好，可以起到事半功倍的作用。要能够正确而恰当地选题，首先要明确选题的原则，明确了选题原则，就能比较容易地选定一个既有一定学术价值，又符合自己志趣，适合个人研究能力，因而较有成功把握的题目。一般来说，选择毕业设计及论文题目要遵循以下几条原则。

一、理论联系实际，注重选题的实用价值

服装专业毕业设计及论文的题材十分广泛，社会生活、经济建设、科学文化事业的各个方面、各个领域的问题，都可以成为研究的题目。我们选的题目，应是与社会生活密切相关、为大多数人所关心的问题。我们运用自己所学的理论知识对其进行研究，提出自己的见解，探讨解决问题的方法，这是很有意义的。这不仅能使自己所学的书本知识得到一次实际的运用，而且能提高自己分析问题和解决问题的能力。有现实意义的题目大致有三个来源：一是本地区、本部门、本行业在工作实践中遇到的理论和现实问题。如2008年世界经济危机以来，服装行业经历从"贴牌"到"品牌"转型之痛，众多服装企业面对原创服装设计、服装制版、服装品牌营销策划等等现实问题亟待解决。二是本人或消费者在日常生活中遇到的有关服装问题。如服装色彩搭配、个人整体造型设计等等。三是国内外专业设计大赛主题、行业协会学术交流中提出的理论和现实问题。如每年举行的真维斯、创意星空、中华杯、大连杯、汉帛奖等中国知名服装设计大赛主题，各省市服装行业协会学术交流会议提出的理论和现实问题，等等。

二、要注意选题的理论价值

我们强调选题的实用价值，并不等于急功近利的实用主义，也绝非提倡选题必须有直接的效益作用。作为本科毕业设计及毕业设计论文（设计报告）要以逻辑思维的方式为论题展开的依据，在严谨的逻辑推理过程的基础上，做出符合论题的设计作品。因此，选择现实性较强的题目，还要考虑其有无理论和认识上的价值，即有无普遍性的意义，能否进行理论的分析和综

合，从个别上升到一般，从具体上升为抽象。有些题目也并不一定直接与现实挂钩或有直接的实际用途，如对未来服装的概念性研究、流行趋势预测等。但从发展的眼光看，这些题材能够表示某种趋势，或对现实有借鉴的作用，因而也就具有理论价值，这样的题目当然也是可以选的。我们所要反对的只是那种脱离现实、咬文嚼字、繁琐考证、追求时髦等毫无意义的东西。

三、要注重选题的创新性

毕业设计成功与否、质量高低、价值大小，很大程度上取决于论题是否有新意。所谓新意，即毕业设计及论文中表现自己的新看法、新见解、新观点，在某一方面或某一点上能给人以启迪。毕业设计选题的创新性，可以从以下几个方面着眼：

第一，从观点、题目到材料直至论证方法全是新的。这类论文写好了，价值较高，社会影响也大，但写作难度大。选择这一类题目，作者须对某些问题有相当深入的研究，且有扎实的理论功底和写作经验。对于本科毕业论文来讲，限于客观条件，选择这类题目要十分慎重。

第二，以新的材料论证旧的课题，从而提出新的或部分新的观点、新的看法。如服装品牌营销策划这个题材，是历年研究的"热点"问题之一，已出了大量的研究成果，可以说是老题材了。但是随着近几年移动互联网的日益普及，基于手机等移动互联终端的微博、微信、微视频等微营销蓬勃发展，如何把这些现代高科技营销实践和网络营销新理论与传统服装市场营销理论与实践相结合，我们把这作为一个研究论题就可以使人有耳目一新之感。

第三，以新的角度或新的研究方法重做已有的课题，从而得出全部或部分新观点。如同样是服装品牌策划这个题材，有的学生针对近几年来纺织服装行业从贴牌到品牌转型的情况，从传统市场营销到网络电子商务营销转变，从单一营销渠道到多类型渠道整合的转变等不同的角度，分析论证了新时期服装品牌营销的特征以及对整个企业生产流程再造的影响，探索新时期服装企业品牌营销的方法和措施，这样的文章同样具有新意。

第四，对已有的观点、材料、研究方法提出质疑，虽然没有提出自己新的看法，但能够启发人们重新思考问题。

以上四个方面并不是对"新意"的全部概括，但只要能做到其中一点，就可以认为文章的选题有了新意。

要发现有新意的题目，首先要善于观察。社会生活就像一个变化无穷的"万花筒"，各个领域、各个方面的事物都在不断地运动、变化、发展着，我们要善于观察，勤于思索，从大处着眼，小处入手，在事物的运动、发展中寻找适合自己撰写的具有新意的毕业论题。其次，要善于积累和分析资料。歌德曾经说过，理论是灰色的，生活之树常青。我们平时要注意收集资料、积累资料、分析资料；对有关方面的问题要弄清楚别人写过什么东西，有些什么论点，有何争论及分歧的焦点是什么，目前国内外对这个问题研究的进展情况以及发展趋势如何，等等；在深入研究已有成果的基础上，将收集到的材料做一番加工整理的工作，把别人认识的成果作为自己的起点，在前人和他人认识的基础上写出有自己见解的论文。

四、注意选题的可行性

(一)知己知彼，量力而行

服装专业本科毕业设计及论文是对学生四年学习的综合性考核，选题的方向、大小、难易都应与自己的知识积累、分析问题和解决问题的能力以及写作经验相适应，要做到"知己知彼"。

所谓"知己"，首先，要充分估计到自己的知识储备情况和分析问题的能力。因为知识和能力的积累是一个较长的过程，不可能靠一次毕业论文的写作就来个突飞猛进。所以选题时要量力而行，客观地分析和估计自己的能力。如果理论基础比较好，又有较强的分析概括能力，那就可以选择难度大一些、内容复杂一些的题目，对自己定下的标准高一些，这样有利于锻炼自己，增长才干；如果自己觉得综合分析一个大问题比较吃力，那么题目就应定得小一些，便于集中力量抓住重点，把某一问题说深说透。其次，要充分考虑自己的特长、兴趣和将来的就业方向。应当看到，大学生的学识水平是有差距的。有的可能在面上广博些，有的可能在某一方面有较深的钻研，有的可能在这一方面高人一筹，而在另一方面则较为逊色。在选题时，要尽可能选择那些能发挥自己的专长，学有所得、学有所感的题材；同时，还要考虑到自己的兴趣、爱好和就业方向。兴趣深厚，研究的欲望就强烈，内在的动力和写作情绪就高，成功的可能性也就越大。还有进行与将来就业方向相关的毕业设计对今后的就业也可以起一定的辅助作用。

所谓"知彼"，一是要考虑到是否有资料或资料来源。资料是毕业设计及论文写作的基础，没有资料或资料不足就写不成论文，即使勉强写出来，也缺乏说服力。资料又可分为第一手资料和第二手资料。第一手资料是指作者亲自考察获得的，包括各种观察数据、调查所得等。第二手资料的主要来源是图书馆和资料室的文献资料。二是要了解所选课题的研究动态和研究成果，大致掌握写作中可能遇到的困难，以避免盲目性和无效劳动。要注意在已有的研究成果中寻找薄弱环节，即他人研究中存在的疑点、漏洞或不足。有疑点、漏洞的问题，不少是重要的学术论题，以此作为研究的突破口，在理论上修正、补充或丰富已有的结论。只要做到了知己知彼，就能选择一个比较合适的毕业论文题目。譬如，服装专业的学生，针对一些大方向如"新时期服装品牌策划"、"原创中年女性服装设计"、"新时期中老年服装设计与营销研究"、"新时期服装网络营销"、"服装网络营销中的服装陈列设计研究"等方面进行深入研究，就容易写到点子上。

(二)难易适中，大小适度

要选好毕业论文的题目，把握"适中"的原则是很重要的。

首先，题目的难易要适中。如果难度过大，超过了自己所能承担的范围，一旦盲目动笔，很可能陷入中途写不下去的被动境地，到头来迫使自己另起炉灶、更换题目，这样不仅造成了时间、精力的浪费，而且也容易使自己失去写作的自信心。反之，自己具备了一定的能力和条件，却将论文题目选得过于容易，这样也不能反映出自己真实的水平，而且也达不到通过撰写毕业论文锻炼自己、提高自己的目的。

其次，题目的大小要适度。一般来说宜小不宜大，宜窄不宜宽。题目太大把握不住，考虑难以深入细致，容易泛泛而论。因为大题目需要掌握大量的材料，不仅要有局部的，还要有全局性的；不仅要有某一方面的，还要有综合性的。大学的几年学习，对学生来讲还只是掌握了一些基本理论，而要独立地研究和分析一些大问题，还显得理论准备不足。再加上缺乏写作经验，对大量的材料的处理也往往驾驭不了，容易造成材料堆积或过于散乱。选定小题目，有两种方式，一是直接选个小题目，二是在大题目中选定小的论证角度。比如，有这样三个题目：《大学生服装消费调查研究》、《无锡地区大学生休闲服装消费调查研究》、《无锡地区高年级女大学生休闲服装消费调查研究》，第一个题目显然太大，因为大学生和服装这两个概念包含的内容十分广泛，如大学生就有男、女、低年级和高年级之分，服装有商务正装、休闲装、运动装、家居服、礼服等分类，等等。一篇文章如果要涉及这么多的内容，是不容易写好的。第二个题目比起第一个来要小一些，但大学生包含的内容仍较复杂，作为毕业论文写起来还嫌太大。第三个题目抓住了高年级女大学生由于校外实习、兼职或交友等对休闲服或商务休闲服的消费需求明显增加这个市场情况，显得角度小，针对性强，容易深入研究。

毕业论文的题目要具体些、小些，但也要注意不能把范围限得太小太具体，以致失去典型意义或使理论水平发挥不出来。

再次，选题还应注意千万不能随大流或者赶时髦，写自己并没有弄懂或没有条件研究的问题。如有的一鳞半爪地接触到一点国外的材料，收集到几个新名词、新概念，为了"求新"，为了一鸣惊人，就把别人的东西照搬过来，囫囵吞枣，东拼西凑，这样的论文当然是写不好的，选题时要引以为戒。

选题、定题的基本过程如下：

问题的发现—文献和市场的调研—再评价—确定课题。

问题的发现就是论文和毕业设计论题的来源，主要是指来自于学习、工作中的积累和发现、热门事件；灵感的闪现；科学协作、学术交流的议题；数据库、网络中的他人研究成果信息等。我们通过对初步拟定的研究领域中大量文献资料的搜集与阅读，对本学科本专业的最新进展和研究现状进行了解，随时记下阅读中对自己印象最深刻的论点、论据和论证方法，记下自己阅读的体会，将这些体会进行分类排列和组合比较，从中发现问题、明确问题。

毕业论文不同于一般的论文，专业的毕业论文是对某一学科领域的科研成果的描述与反映，没有研究，写作就无法进行，而研究的一定前提是必须掌握尽可能多的文献资料信息。一个人读的书越多、查找的资料越全面，专业水平就越高，创造性思考的可能性就越大，写出来的论文质量就更高。因此，大学生在写作毕业论文时，首先要学会如何检索文献资料，懂得文献查找的方法与技巧。

文献资料的检索，是现代科技人员获取文献和信息的主要手段之一，同时也是大学生写作毕业论文获取资料的主要方法。大学生们认识有关毕业论文写作与文献资料的关系以及学会文献查找的方法和技巧，会利用相关工具去检索自己所需的资料是很有必要的。

图书馆及其他文献信息机构收藏的电子期刊数据库不但检索种类齐全，而且速度快，是当今科技人员资料查找的首选。此外我们也可以借助一些基于互联网的在线文档分享平台，如百度文库、道客巴巴、豆丁网、360doc、新浪爱问等，通过免费注册、积分换取等形式下载部分所需的文献资料。

下面简单介绍几种目前用得较多的电子期刊数据库：

（1）中国知识基础设施工程网(CNKI数据库)。它是由清华同方光盘股份有限公司和清华大学中国学术期刊(光盘版)电子杂志负责牵头实施的，其建立的CNKI系列数据库包括期刊、报纸、博士和硕士毕业论文等，收录了自1994年以来的国内公开出版的8400多种期刊和报纸上发表的文章的全文。网址是http://www.cnki.net。

（2）万方数据资源系统。它是由中国科技信息研究所、万方数据集团公司开发的建立在因特网上的大型中文网络信息资源系统。它由面向企业界、经济界服务的商务信息系统，面向科技界的科技信息子系统及数字化期刊子系统组成。网址为http://www.wanfangdata.com.cn或http://www.chinainfo.gov.cn。科技信息子系统是集中国科技期刊全文、中国科技论文与引文、中国科技机构与中国科技名人的论文和毕业论文等近一百个数据库为一体的科技信息群。数字化期刊子系统使得用户可在网上直接获取万方新提供的部分电子期刊的全文。

（3）中国科技期刊数据库。它是由重庆维普咨询公司开发的一种综合性数据库，也是国内图书情报界的一大知名数据库。它收录了近千种中文期刊和报纸以及外文期刊，其网址为http://cqvip.com。

以上简单介绍的几种数据库在一般高校的图书馆里都可以查到。关于电子期刊文献资料的查找，我们可以通过检索文献的主题、篇名、摘要、全文，或某些关键词，或者作者等相关信息来查找所需的资料。

以中国学术期刊网站为例，先进入CNKI中国学术期刊网，以默认的账号和密码登录(限校内IP)，在检索项中有篇名、作者、关键词、机构、中文摘要、引文、基金、全文、中文刊名等选项。一般说来，初次使用者最好选择"主题"或"关键词"项，通过它查找得到的文章与论文题目比较接近，容易查找到相关的文章。如果要查找某个作者的文章，则可以选择"作者"选项。比如服装专业的学生需要写作有关"无锡地区高年级大学生休闲服装消费调查研究"方面的文章，可以在输入内容检索条件栏的主题选项中输入"休闲服装"，按"检索"选项，则在搜索结果中可出现2000多篇与"休闲服装"有关的文章。很显然，对这么多文章来说，我们不可能一一下载，更不可能一一去看，这时候就要有所选择。因此，根据研究题目，还应当缩小搜索范围。在检索栏目右边选择检索项"并含"，输入检索词"大学生"，点击"检索"，则在搜索结果中可出现30多项结果。如果想精确检索相关文章，可以点击输入内容检索条件栏左边的"+、-"符号，继续添加相关关键词信息。如果对其中的一篇文章感兴趣，可以单击该文章题名后，点击"CAJ原文下载"按钮，则可将文章下载到自己的电脑上，再下载文章阅读器软件CAJViewer并进行安装后，就可以打开并阅读所下载的文章了。

对于电子期刊文献资料的检索，还有一些小技巧。(1)对相关论文文后参考文献的追踪查找。比如，我们在读了某一主题文献后，想要了解更深层次的内容，则可以进一步追踪检索该文文后参考文献中的文献。(2)关键词尽可能具体细致。比如"英伦风格在女装设计中的运用"这个主题，如果以"英伦风格"、"服装"为主题选项进行检索，在搜索结果中出现60多篇文章；如果以"格子"、"服装"为主题选项进行检索，在搜索结果中则可以出现100多项结果。

第二节　设计构思、制订设计方案

一、资料收集与分析

资料的收集有三个方面：第一个是服饰流行行业的信息收集；第二个是消费者的信息收集；第三个是媒体的信息收集。（图5-2-1）

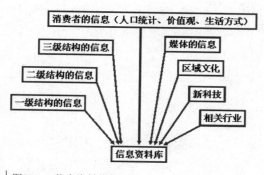

图5-2-1　信息资料收集

来自流行行业一级结构的信息包括各级纱线、面料展与预测。一级结构的信息是资料收集的第一步，我们可以从中逐渐感受新的流行趋向，找出新一季的流行特征。主要的纱线展有三个：第一个是法国巴黎的Expofil法国国际纱线展，举办周期是一月和七月，展览范围是纺织纱线(图5-2-2)。Expofil的中心展区主要展示的内容包括：流行色概念色谱展区、流行面料概念材质展区、流行产品概念展区、前一年度典型流行趋势面料的回顾展区和服装及其工艺流行趋势示范展区。第二个是意大利佛罗伦萨的Pitti Filati纱线展，举办周期是一月和七月，展览范围是纺织纱线。第三个是中国上海的国际流行纱线展，举办周期是三月和九月，展览范围是纺织纱线。

主要的面料展有五个：第一个是法国巴黎的Premiere Vision（第一视觉）面料展，举办周期是二月和九月，展览范围是纺织面料（图5-2-3）。第一视觉之所以具有一定的独创性和权威性，是因为其前期工作准备得充分；PV面料展对参展商的挑选非常苛刻；他们对流行信息进行了一定的收集。第二个是美国纽约的IFFE纽约国际时装面料展，举办周期是四月和十月，

图5-2-2　　　　　　　　　　　　　　　　图5-2-3

展览范围是纺织面料、辅料及相关产品。第三个是意大利米兰的Modain米兰国际面料及辅料展，举办周期是二月和九月，展览范围是纺织面料和辅料。第四个是德国杜塞尔多夫的CPD Fabrics依格多面料展，举办周期是二月和八月，展览范围是纺织面料。第五个是Intertextile中国国际纺织面料及辅料博览会，举办周期是三月在北京、十月在上海，展览范围是纺织面料及辅料、室内装饰面料、家居用纺织品。

　　来自流行行业二级结构的信息包括各级服装、配件的制造商与设计师的信息，以及各级成衣博览会（图5-2-4）。成衣展主要有以下几个：意大利佛罗伦萨的Pitti Immagine Uomo、德国杜塞尔多夫的CPD专业成衣博览会、巴黎男装展、巴黎女装展、纯粹女性时装展览会、各地时装周（巴黎、米兰、伦敦、纽约），其中具有强大国际影响力的成衣博览会是Pitti Immagine Uomo和德国杜塞尔多夫国际服装及面料展览会（CPD）。

　　来自流行行业三级结构的信息包括各级零售业的信息。这主要通过实地调查、分析销售数据等方法来收集。（图5-2-5）

　　来自消费者的信息包括街头扫描、价值观和生活态度、消费层次和人口数据统计等。（图5-2-6）

　　来自媒体的信息包括出版物、网络信息、电视电影和广告海报。(图5-2-7）

　　出版物可以分为专业流行资讯刊物、时尚期刊和其他报刊杂志。其中专业流行资讯刊物主要有专业流行趋势研究机构发布的流行趋势报告及权威预测机构的出版物，专业设计工作室

图5-2-4　　　　　　　　　　　　　　　　图5-2-5

图5-2-6

图5-2-7

根据未来一段时期内的流行发布做出的设计作品或设计师手稿，图片公司、个人或其他组织汇集的发布会图片集。权威预测机构的出版物是《色彩预测》，另外还有法国的《Provider色彩展望》、中国的《流行色展望（中文版）》、日本的《Trend 3 Color流行色预测》和英国的《The Mix流行色卡》。法国权威预测机构Promostyl的出版物有季首系列：《色彩流行趋势手稿》、《设计风格趋势手稿》和《材质流行趋势手稿》；女士系列：《女装流行趋势手稿》、《女士内衣流行趋势手稿》、《毛织流行趋势手稿》、《女士沙滩泳装流行趋势手稿》、《女装更新趋势手稿》；男士系列：《男装流行趋势手稿》、《男士内衣和沙滩泳装流行趋势手稿》；年轻人系列：《婴幼儿装流行趋势手稿》、《童装流行趋势手稿》、《青少年装流行趋势手稿》；专题系列：《运动和街头时尚流行趋势手稿》、《配饰流行趋势手稿》、《必备精品材质》。

专业设计工作室有巴黎娜丽罗狄设计事务所（Nelly Rodi Paris Agency）等。图片公司、个人或其他组织汇集的发布会图片集有德国的《女装款式集锦》（Fashion Trends-Forecast Book）等。时尚期刊有VOGUE, HARPER'S BAZAAR, ELLE, L'OFFICIEL，以及《装苑》、《服装设计师》、《瑞丽服饰美容》、《上海服饰》、《流行色》等等。这些杂志的作用是引导流行，为流行趋势推波助澜，具体地说就是研究流行市场，提供流行趋势信息；以生动活泼的专业方式传播流行新趋势，解释流行时尚的内幕，及时报道流行新闻；指明最新流行的时装以及最有效的搭配方式；提供过去的流行风格作为资料，并且可以刺激流行创意的滋长；它们有时还进行消费者调查，分析读者的组成成分、兴趣与习惯、消费状况等；甚至提供人口统计方面的资料给商家作为参考，同时也为各个与时尚相关的产品做广告宣传。

其他的报刊杂志有：《经济观察报》、《21世纪经济报道》、《i-D闭眼睛》、《室内设计》、《T3》（未来技术）、《国际广告》（独家享有美国Advertising Age中文版权）、《艺术与设计》、《DECO居家》、《完美居家》。

专业的咨询网站有：法国Promosty时尚咨询公司，http://www.promostyl.cn；美国棉花公司，http://www.cottoninc.com；美国Fashion Snoops，http://www.fashionsnoops.com；

英国预测机构WGSN， http://www.wgsn.com；中国纺织信息中心，http://www.ctic.org. cn；*VOGUE*，http://www.vogue.com.cn；*HARPER' S BAZAAR*，http://bazaar.trends.com. cn；*ELLE*，http://www.ellechina.com。

专门提供服装网络资讯的国外网站有：www.ftv.com；www.style.com；www. showstudio.com；www.firstview.com；www.catwalking.com。国内网站有：www.trends. com.cn/fashion；www.yacou.com。

影视媒体方面有法国Fashion TV电视频道，全天24小时播报与服饰相关的节目，包括过去的与最新的时装秀。凤凰卫视中文台，1997年开始，每周一至周五晚8：40～9：00《完全时尚手册》。中央电视台经济生活频道，《第一时间》栏目与《午间新闻》中常有一些时尚新闻，包括科技的、艺术的等各个方面。通常的电视频道都有关于时尚的大众性栏目。（图5-2-8）

图5-2-8

等资料收集齐全后就要开始进行资料的分析了。资料的分析包括定质（性）内容和定量内容两大类，其中定质（性）内容有辨别流行要素、观察共同特征、分析事件、对流行信息进行编辑、确定主题表述等五项。辨别流行要素包括对颜色、轮廓、面料、细节以及风格进行辨别。颜色是指精确地描述色彩的含义与强度；轮廓是服装设计的第一步，是后续设计工作的基础，也是对于流行风格观察的第一步；面料主要包括纤维、织法与质地、重量和图案；细节主要包括颈线、袖子、腰线、裙摆、口袋、腰带装饰、绣花、皱褶、纽扣、开衩、蝴蝶结、折边等，每个季节的细节都会有或明显或不明显的变化；要确定服装的风格就必须整合信息，审视服装全貌，捕捉服装整体印象。观察共同特征就是注意观察某个单一概念重复出现的情况——发问、视检、重复。分析事件就是从诸多事件的蛛丝马迹中找出消费者已经表达或者还未表达的诉求（活动、海报、广告……）。对流行信息进行编辑需要精简和决策。推出的主题表述需要简单、直接和易懂。定量内容就是根据趋势分析确定需要生产和购买的数量。（图5-2-9~图5-2-13）

在设计构思前，我们需要通过以下问题明确设计的目的：

● 顾客是谁？

● 你要为他做什么？

● 预算是否在客户要求的范围内？

● 客户要求怎样的设计效果，有无特殊要求？

● 你对客户了解吗，是否需要进行市场调研？

● 是否需要参考其他资料，如艺术、文化、历史等方面的杂志？

● 怎样把时尚元素融入你的设计中去？

●需要什么样的面、辅料，是否容易采购，价格如何？

●对色彩、面料、廓形、图案、配件、细节等内容是否考虑？

●用什么样的工艺手段来表现你的设计？

●设计最后的整体风格顾客是否满意？

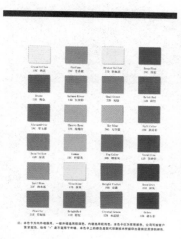

图5-2-9 选择色调

图5-2-10 确定服装外廓形

图5-2-11 选择面料

图5-2-12 观察细节

图5-2-13 确定共同特征

二、设计构思

当我们的相关资料收集完整之后，我们就要开始进行毕业设计的构思了。

设计构思的第一步就是捕捉灵感。任何创新设计都离不开灵感，灵感有突发性和灵活性的特点。什么是灵感？灵感实际上是潜思维，即潜在的意识表现，是未被意识到的本能、经验和欲望，是一种客观存在的心理现象。通常当大脑处在设计思维状态时，由于相关事物的启发、相关信息的作用、相关语言的提示即可触发设计思维产生信号素材，这便是灵感。灵感需要设计者主动寻找，可以从有形无形的世间万物，如变化无穷的自然风景、丰富多彩的民族民间文化、瞬息万变的流行信息、日新月异的现代科技中触发设计灵感、寻找设计素材，进而进行创作构思活动。服装设计需要强烈的创新意识，要在感受生活、感知世界中寻找设计题材，引发创作灵感。（图5-2-14~图5-2-20）

如图5-2-21所示为学生毕业设计作品，其灵感主要来源于20世纪50年代的服装风格。众所周知，50年代的审美观也带动了时装设计的潮流，1947年Christian Dior（迪奥）的New Look改变了服装的面貌，用极致奢华打造巴黎遗梦，这就好比一部时装启示录，唤醒了战后女性对美好生活的憧憬，而50年代也就此成为了历史上最优雅的时装十年。电影《捉贼记》（*To Catch a Thief*）摄录了当时的一场威尼斯舞会并清晰捕捉了新面貌礼服，束腰肥臀是当时的最佳廓形，复古伞裙集老式胸衣与芭蕾舞裙之精华，配以长至肘部的手套、珍珠项链、纤细腰带与尖头高跟鞋来营造典雅端庄。歌舞片《甜姐儿》（*Funny Face*）让人印象深刻的

图5-2-14 以蝴蝶为灵感的服装设计

图5-2-15 以花卉为灵感的服装设计

图5-2-16 以武士铠甲为灵感的服装设计

图5-2-17 以戏剧为灵感来源

图5-2-18 以中国水墨画为灵感来源

图5-2-19 以青花瓷为灵感的服装设计

图5-2-20 以古罗马服饰为灵感来源

不单是时装偶像Audrey Hepburn（奥黛丽·赫本）的魅力演出，电影似一部时装大片，完整诠释了50年代的日常办公套装廓形，松袖拱肩上衣配紧身高腰半身过膝裙，同样是着力刻画腰身线条，帽饰、手套、小手包等细节都做到了极致优雅。而当时的妆容同样惊艳，粗线条的挑眉、上扬的眼线、浓郁醒目的眼影色与红唇都奠定了后期戏剧化浪漫主义时代的基础。图5-2-21所示的服装设计就充分利用了50年代的廓形，比如伞裙、老式胸衣、铅笔裙等并在其上面进行了修改，且在服装上采用波尔卡圆点为主要的元素，再对面料进行再造。（图5-2-22~图5-2-24）

　　如图5-2-25所示为学生毕业设计作品，其灵感来源为新古典主义风格时装。服装以披挂、抽褶的立体裁剪手法，将不同材质的黑色相拼接，带来了独特的视觉画面，充分体现了黑色面料的深透、灵动，随着模特的走动使长裙流淌出节拍和韵律，勾勒出起伏的人体线条，更

图5-2-21 学生毕业设计作品：波尔卡变奏曲

图5-2-22

图5-2-23

图5-2-24

图5-2-25 学生毕业设计作品：仲夏夜之梦

图5-2-26

图5-2-27

加光彩照人。利用面料的悬垂性，通过斜裁、褶皱等裁剪手法，加上色丁布的光泽、欧根纱的飘逸、银丝水钻等共同打造出华美效果，犹如黑夜中耀眼的星空。（图5-2-26、图5-2-27）

设计思维是设计构思的方式，是设计的突破口，常用的设计思维有以下几种：

1. 意向思维

意向思维是一种常见的具有明确意图趋向的思维模式，也是一种发散思维模式，是介于具象思维和抽象思维之间的一种思维形式。服装造型的意向思维，不像具象思维那样求逼真精细，也不像抽象思维那样变幻莫测，而是比较侧重于"意境"，注重传递神韵、表露气质、渲染色调、抒发情感，通过对事物的分析选择，集各因素之所长，进行重新组合，创造意料之外、情理之中的新形象。

意向思维的主要目的是把"意"和"神"作为造型的主导，去进行形象思维和抽象思维，以此创造源于自然、超越自然的意向形态。例如现实生活中没有龙和凤，它们是根据多种爬行动物和禽鸟的局部特征优化聚合而成的，由于符合动物结构关系和人们的审美需要，因而既合情理又生动美丽，并给人以舒适得体、恰到好处的真实美感。

设计师可以采用意向思维模式展开设计，从设计目的和要求出发进行多级想象，层层深

入分析，找到解决问题的关键，运用大量的
设计要素和语言，采用多种设计方法，从各
个设计角度使构思不断深化、合理、完美。
意向思维在服装设计中通常用于职业装和日
常生活装的构思设计。如设计职业装，常规
的思维方式就是很容易想到服装应具有的功
能、穿用环境、季节和消费群体，并围绕这
些要求选择面料，进行款式设计；再如设计
一款礼服，自然会想到丝质光感的面料、精
美的配饰、与着装者浑然一体的巧妙造型
等。（图5-2-28）

5-2-28 意向思维设计

2. 变异思维

变异思维是一种反常规的思维方式，也称逆向思维。它是指当以原思路无法解决问题时，改
变思考角度，反其道而行之，从逆向或侧向进行分析推导，从而使问题得到解决的思维模式。

在服装设计中，用逆向方法构思可以启发思路、拓展思维领域，催生意料之外的设计构
思，使设计所表现的形式更有新意，引人注目。事实上，逆向思维就是消除心理上的思维惯
性，变换方向和视角，从事物的内部结构进行研究和领会。在服装设计中，从设计、选材到制
作都可以运用逆向思维来处理，如服装的非对称设计、夏天的帽衫设计、时装裤门襟裸露设
计、牛仔的打磨做旧处理等。采用逆向思维方式可以使设计构思给人以全新的感觉，创造反叛
和时尚的服装风格。（图5-2-29）

图5-2-29 变异思维设计

图5-2-30 无理思维设计

图5-2-31 联想法仿生设计

图5-2-32 反对法设计

3. 无理思维

无理思维是一种非理性、随意、跳跃、散漫、具有游戏性质的思维方式。这种思维方式最初没有具体目标，只是打破合理的思考角度，从不合理的思路入手，汇集设计元素、寻找设计语言，进行无道理的组合创新，创造新奇的意境。有时无理思维表现出对规律的质疑、对合理的亵渎、对观念的反对、对规则的破坏，是一种超然、调侃和黑色的幽默。这种思维可以使视觉印象产生错位，给设计增添妖艳和媚俗的美感，如领带在牛仔裤的腰节出现、时装上衣的领口作为底摆、驳领变成腰节等。（图5-2-30）

设计方法是指从设计思维的角度创造形态的方法，思维角度不同，设计方法也不同。由于服装设计本身是一个复杂的创作过程，每一个细节都有各自的创作方法，即使使用同一种方法和相同的设计元素，结果可能也不尽相同，因此才产生了千变万化的设计效果。就服装设计而言，常用的设计方法有如下几种：

1. 调研法

调研法是通过收集反馈信息来改进设计的方法，在现代服装企业的批量生产和上市销售的实用服装设计中，要使设计符合消费者的购买需要，达到产品畅销的目的，市场调研是必不可少的重要环节，调研的目的是发现和保留产品中畅销的元素，以使下一步设计得到改进，满足市场竞争的需要。

2. 联想法

联想法是一种线性思维方式。服装设计中的联想法是以某一概念或事物为出发点，通过接近联想、离散联想、矛盾联想、因果联想等展开连续想象，在联想过程中选择自己所需要的设计语言与设计要素。联想主要是为寻找新的设计题材拓宽设计思路。由于每个人的艺术修养、文化素质和审美情趣不同，因此，即使从同一原型展开联想，也会产生不同的设计结果。联想法适合于前卫服装和创意服装的设计。仿生设计就是联想设计的典型例子。（图5-2-31）

3. 反对法

反对法是把原有的事物或思维置于相反或对立的位置上，以寻求突变的效果。服装设计中可以从造型、面料和工艺等方面进行逆向处理，也可以是题材、风格、观念和形态上的反对，或者是色彩的无序搭配、面料的随意拼接等。这些都是打破常规思维的设计结果，而且是出乎预料的，如领子造型用于底摆、内衣设

计用于外穿、外露的缝份用于休闲设计等。（图5-2-32）

4. 借鉴法

对某一事物有选择地吸取、融汇形成新的设计就是借鉴。在服装设计中，我们可以借鉴的内容很多，诸如历史服装、民族民间文化、优秀设计作品、服饰品及某种设计局部造型、色彩或工艺等都可以成为借鉴的对象；也可以是不同风格的借鉴，如把传统西服移用到休闲装领域变成休闲西服，运动服向时装靠拢形成时尚运动装，把原有的设计稍加改变如变换色彩、变换造型、变换材料、变换工艺也能使设计赋予新意，产生创新的效果；或者把已有的设计作加减处理，依据流行趋势，在追求繁华的年代作加法设计，崇尚简约的年代作减法处理，使设计产生新的效果。

5. 夸张法

夸张法是把事物的状态或特征进行放大或缩小处理，在趋向极端位置时利用其可能的极限的设计方法。夸张的元素可以是领、肩、袖、口袋、衣身等服装中的任何一个，夸张的形式也可以是重叠组合、变换、移动和分解，夸张后的造型度应符合形式美原理。（图5-2-33）

图5-2-33 夸张法设计

6. 整体法与局部法

整体法是由整体展开逐步推进到局部的设计方法。设计师先根据服装的风格定位，依据整体轮廓包括款式、色彩、面料等，确定服装的内部结构，从整体上控制设计效果，使局部服从整体，局部造型与整体造型协调统一。与整体法相反，局部法是以局部设计为出发点，进而扩展到整体的设计方法。这种方法比较容易把握局部的设计效果，设计师从精细的局部造型入手，寻找与之相配的整体造型，同样可使设计达到完美。整体法和局部法适用于实用服装和前卫服装的设计。

7. 趣味法

在现实生活里，有许多令人感觉有趣的事物，它们往往具有与众不同的趣味性，我们可以尝试通过不同的方法把这些有趣的东西用于服装设计中。趣味设计可以通过对趣味性的夸张和趣味图案的加工运用来实现，如伞形的帽子、蘑菇形的裙子、心形的挎包、印染或刺绣的卡通图案等。（图5-2-34）

图5-2-34 趣味法设计

8. 限定法

限定法是指设计过程要依据某些限定情况而进行。严格地说每一个设计都有不同程度的限定，如成本、功用、尺寸等，这里所说的限定是指对设计要素造型、色彩、面料、辅料、结构和工艺的限定，限定方面越多，设计师越不容易发挥自己的想象，如服装企业因设备的局限性使设计师的工艺无法创新，再如面料色彩的局限性将使造型设计受到很大影响等。限定法常用于成衣和职业装的设计中。

9. 组合法

组合法就是将两种形态、功能、结构或材质不同的服装组合起来产生新的造型，形成新的服装款式。组合法一般是从功能角度展开设计的，如将上衣与裙装结合形成的连衣裙、衬衫与背心结合形成的马甲小衫、中裤与长裤结合形成的两用裤等。这种方法适合于实用服装设计。（图5-2-35）

10. 追寻法

追寻法是以某一设计灵感引发的设计联想为基础，追踪寻找所有相关事物进行筛选整理，当一个造型设计形成之后，设计不是就此停止而是顺着原来的设计思路继续下去，把相关造型尽可能多地拓展出来，然后从中选择一个或几个最佳方案。设计思路一旦打开，人的思维就会变得异常活跃、快捷，脑海中会在短时间内闪现出多个设计方案，快速捕捉这些方案，可以衍生出一系列的相关设计。追寻法可以提高设计的熟悉程度和应对大量的设计任务，适用于系列服装设计。（图5-2-36）

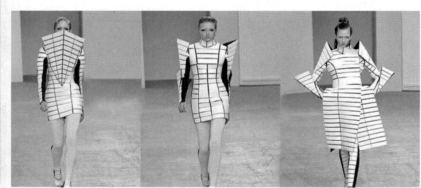

图5-2-35 组合设计　　图5-2-36 用某一个设计元素展开追寻形成一个系列

三、确定主题，制订设计方案

在设计构思完成之后我们就可以确定主题和制订设计方案了。主题不同，所借鉴的服装风格自然也不同，而不同风格的服装有其各自的特点，我们必须要了解。

1. 按照时代分类

有古希腊风格、哥特式风格、洛可可风格、帝政风格(新古典主义)和浪漫主义风格。

古希腊风格的服装的特征是自然、舒适、流畅、节约；构成要素有希顿、多利安、海美森、别针；艺术法则是主张赞美人，核心内容是注重表现人的自然美，人体艺术很流行；服装款式有希顿（不做缝纫，分别用别针、细绳、腰带固定）、海美森(形如斗篷)、多利安（裁布进行曲线捆扎，形似衬衫加一条长裙）；要点是露颈、肩、背，袒胸，夸张臀部，紧缩腰围，垫高胸部——突出女性人体曲线，重视线条、图案、色彩。古希腊服装具有表现人体之美的特点，质朴、舒展，与身体完美结合。古希腊人认为最完美的服装是让人看不出哪里是人体，哪里是衣服。通常服装有一块长方形的布或裹或披于身上，几乎不做缝纫，在肩部和腰部用别针、细绳固定住。古希腊服装的面料主要是羊毛和亚麻，贵族服装染色，裙摆有花纹装饰，但即使赤裸也不会被认为可笑，不忌讳表现性感，此后欧洲古典模式的服装都延续这个理念，注重表现女性的性别特征，如露颈、露肩、露背、袒露胸部、夸张臀部等。（图5-2-37）

哥特式风格的特征是宗教性质、尖锐、阴冷、黑色、怪异；构成要素有三角形、黑色、十字架、苍白的皮肤、眼影。哥特式的女子服装款式的特点是腰部上移至胸下，并配上装饰的腰带，长袍堆在地面上，下面形成许多尖角形，模仿了建筑风格。还有一种圆锥形的尖塔状帽子，称为"汉宁"，用一整块飘动的面纱垂挂在后面做装饰；鞋子也是尖尖的，特别是男子的尖头鞋，最长可达56厘米，与教堂的尖塔相映成彰。哥特式的装扮是黑色散乱的长发和苍白的皮肤，呈现颓废、死亡的气息，黑色紧身衣、黑色网眼袜是其标志，饰品有十字架、骷髅头、飞行镜、五角星等。（图5-2-38）

图5-2-37 学生毕业设计作品：古希腊风格服装

图5-2-38 哥特式风格服装

洛可可风格的特征是女性化、华丽、妖娆；构成要素有紧身胸衣、裙撑、花边、假发。洛可可风格的服装注重复杂卷曲和浓烈装饰，胸前呈"V"形、领口低、面料进行褶皱，配兜用丝带装饰，袖口以花边装饰。洛可可风格的造型是不论男女都使用假发，体积较大，视觉效果华丽，用许多花枝招展的头饰进行装饰。假发的材料有人的头发、山羊毛、马毛、植物纤维，其名字有"英国花园"、"疯狗"、"泡泡急流"等。由于假发太高，乘坐的马车空间有限，戴假发的贵妇们不得不跪在地板上。由于当时人们喜欢在头上洒香水和香粉，所以这种假发成了寄生虫的庇护所，优雅的贵妇不得不随身带一根搔痒棒，直到法国大革命前夕，人们才慢慢抛弃这种装扮。洛可可风格的化妆是使用美人斑，美人斑常贴在眼睛附近或两颊；服饰品最有特色的是帽子和迅速扇动的小扇子。洛可可风格以其华丽妖娆而闻名，其男装的华丽程度几乎是整个男装史上的巅峰。

帝政风格(新古典主义)的特征是素雅、飘逸、自然；构成要素是古希腊风格服装、高腰

线、短外套。帝政风格的主要特点是低领、露肩、窄袖，长袍的色彩比较单一，紧身袖的长度
到上臂的一半处，戴一双与鞋颜色一样的手套，服装的面料采用最为轻薄的棉或麻，可以进一

图5-2-39 帝政风格（新古典主义）服装　　　　　　　图5-2-40 学生毕业设计作品：帝政风格服装

步表现人体的自然之美；妇女的头发也为复古的样式，自然，用绸带系扎，鞋子是平跟或平底
的。帝政风格整体是朴素简洁的。（图5-2-39、图5-2-40）

　　浪漫主义风格的特征是华丽、装饰感强、享乐主义、女性化；构成要素有灯笼袖、紧身胸
衣、裙撑、花边、明艳的色彩。浪漫主义风格的服饰流行于19世纪20~50年代的欧洲，这一时期
女装的特点是上下两部分的分量相近，肩肘部宽大，强调细腰、丰臀，大量采用泡泡袖、灯笼
袖、羊腿袖，袖子体积大，里面有时还用支架。裙撑的使用达到登峰造极的地步，导致女性行
动不便，经常摔倒，或裙裾被壁炉点燃或被卷进车轮。服装面料颜色鲜艳明亮，花卉和格子图
案很受欢迎，有光泽的绸缎大量使用，华丽的帽子和服装装饰着大量的花边、缎带和蝴蝶结，
整体风格女性化。20世纪八九十年代，紧身衣又回来了，一些女性主动采用古老的服饰，繁
琐、华丽、女性化的样式再次流行起来，这轮时尚潮流被称为新浪漫主义。（图5-2-41）

　　浪漫主义服装带来的全新的浪漫、妩媚、性感、柔软以及奢华气息，可以说是最原始最纯
粹的浪漫要素的回归。不同于古典主义的服装设计，它更强调打破僵硬的教条，追求幻想、异
想乃至戏剧化效果。常用复古、怀旧、民族、异域等主题，造型追求夸张独特。线条或柔美或
奔放，非对称和不平衡设计结构，成为与古典主义最为明显不同的地方。在色彩上也丰富多
变，图案缤纷斑斓，面料追求自然和质感。装饰手段多用毛边、流苏、刺绣、花边、抽褶、蝴
蝶结、花饰等，也即是说只要能想到的新鲜华丽的元素都可以采用。

　　2. 按照民族分类

　　有英伦风格、波西米亚风格、阿拉伯风格、中国风格、日本风格和韩国风格。

　　英伦风格的特征是端正、成熟、稳重、保守；构成要素有格子图案、苏格兰短裙。格子是
英伦风格的主要特点，在最初发展阶段，由于各个地区的手工作坊交流甚少，所以当时的格子
呈现出不同的色彩和形状，人们得以通过服装上的格子来判断一个人来自哪个地区，称为"地
区格子"。当格子被规定为军队制服图案后，某些格子就形成"军团格子"。1822年，很喜
爱格子的英国国王乔治四世宣布"让所有人都穿自己的格子"，使格子文化更为盛行。至今，
在英国注册的格子已经有2500种之多，这些格子按照身份、地位、场合等加以区分，形成独

图5-2-41 浪漫主义风格服装　　　　　　　　　　　　　图5-2-42 学生毕业设计作品：英伦风格服装

特的英伦服装文化。苏格兰短裙早在17世纪就作为军队制服使用，今天仍有许多人在庆典、乡村舞会、高地运动会等社交场合穿着，其在世界男装中独树一帜。（图5-2-42）

波西米亚风格的特征是热烈、奔放、洒脱、花哨、装饰；构成要素有多民族风格服饰、长裙、复杂图案、长发、饰品。波西米亚服饰保留了流浪民族风格，特点是鲜艳的手工花边装饰，粗犷厚重的面料，浓烈的色彩，繁复多层次的搭配，错综复杂的穿戴样式，由于到处流浪，融合了多民族多地区的特色，给人强烈的视觉冲击。典型款式有无领袒肩的宽松上衣，长及脚踝的大花裙，上面有层层叠叠的褶皱，有流苏、细绳结的拼接背心等。图案以复杂的花形图案为主，色彩搭配对比强烈，通常搭配平底鞋和平民长靴；发型为波浪式长发或直发，重点是配以大量艳丽夸张的珠串饰品，总体构成奔放热烈的风格。（图5-2-43）

阿拉伯风格的特征是宽松、低调、神秘；构成要素有黑色长袍、面纱、灯笼裤。阿拉伯风格服饰是七分灯笼裤、九分绑脚裤以及哈伦裤（起源于阿拉伯宫廷，在小腿处逐渐收成喇叭形，在脚踝处扎紧）。（图5-2-44）

中国风格的特征是含蓄、庄重、保守、华丽；构成要素有旗袍、中山装、少数民族装、马褂、盘发、折扇、绣花鞋。旗袍本是满族人的服饰，最初为直身式，服装与衣身之间缝隙较大。20世纪20~40年代，旗袍经过改良后形成今天的样式，成为中国女装代表和经典。这种新样式和西式外套同穿，再配以西式高跟鞋和西式手提包，同时配以时髦的烫发和化妆，成为中西合璧的独特风格。中山装是孙中山先生以日本陆军军官制服为基样，把领子改成中国传统的立领，在胸腹部各有两大两小的口袋，两个小口袋盖做成倒山字形的笔架式，称为"笔架盖"，表示对知识的尊重。（图5-2-45）

日本风格的特征是含蓄、端庄、文雅、矜持；构成要素有和服、木屐、折扇、花伞。和服没有扣子，而使用腰带，腰带打结的方法很多，常见的是"太古结"，就是我们常见的和服后面的"方盒子"。在正式场合穿的叫"访问和服"，图案多为一整幅画；"小纹"和"付下"是日常服，比访问服休闲一些，以小碎花和小格子图案为主；素色和服是单色，为日常便装；

图5-2-43 学生毕业设计作品：波西米亚风格服装

图5-2-45 学生毕业设计作品：中国风格服装

图5-2-44 学生毕业设计作品：阿拉伯风格服装

黑色和服则是正式服装。男子和服比较单一，正式场合穿的是黑色，外加外套。木屐是深受日本人喜爱的鞋子，配以和服穿着，有专门与这种鞋相配的袜子，穿这种鞋子显然走不快，刚好配合和服的优雅之美。

韩国风格的特征是精致、文雅、含蓄、女性化、装饰；构成要素有套装、韩式饰品、时尚手袋、围巾、帽子、低调色彩。韩国的传统服饰是：女装由短小上衣和宽大的裙子组合，比例特殊；男装是短上衣配宽大的裤子，再加上背心、马甲，颇有男性气概。色彩主要是白色、红色、粉色、蓝色等，以单色为主，整体风格优雅大方。现代韩国风格是精致的白领风范，讲究细节，含蓄，装饰感比较强，很女性化，小家碧玉的印象。装饰感是现代韩服最主要的特征，如韩式风格的项链，金属的腰链，华丽的耳环、戒指、发卡、发箍、名牌手表，韩式手袋，精致的围巾和帽子，总体来说，重叠多层搭配加上数量较多的饰品，构成视觉内容丰富的造型风格，可以说，韩国女士为漂亮不怕繁琐。（图5-2-46）

3. 按照设计师、电影、视觉艺术分类

可以分为夏奈尔风格、洛丽塔风格、极简主义风格、未来主义风格、欧普风格、立体主义风格、超现实主义风格和波普风格。

夏奈尔风格的特征是舒适、休闲、优雅；构成要素有对襟开衫套装、山茶花、双C标志、假珍珠宝石项链。夏奈尔的基本理念是服装并不那么重要，重要的是饰品和服装的巧妙搭配，所以非常注重饰品的佩戴，专门为其时装制定首饰，以达到最佳的视觉效果。山茶花成为其品牌标志。因此，服装与较多优雅的首饰也是夏奈尔风格的一大特点。（图5-2-47）

图5-2-46 韩版风格服装

洛丽塔风格的特征是天真、性感、青涩；构成要素有荷叶边短裙、蕾丝、辫子、娃娃装、公主裙。洛丽塔风格不同于普通少女风格，它既体现了少女的基本特色，又加入性感的造型成分，而这正是洛丽塔风格与普通少女装的区别，除了可爱的服装，还要加入超短裙、高跟鞋、丝袜、文胸、红指甲、浓妆之类的元素才算完整。（图5-2-48）

5-2-47 夏奈尔风格服装

极简主义风格的特征是简洁、无装饰、理性、严谨；构成要素是各类简洁风格的服饰。极简主义服装几乎没有装饰，复杂花哨的图案和首饰几乎都被取消，款式造型尽量做减法，面料的使用也是尽量保留其本身所具有的美感，而不采用印花、刺绣、镶珠等工艺，能使用一粒扣子绝不使用第二粒，能使用一种颜色绝不配第二种颜色。（图5-2-49、图5-2-50）

未来主义风格的特征是几何化、棱角分明、坚硬质感、理性、简洁、冰冷、中性气质；构成要素有非常规材料、黑色、白色、几何样式的服装。未来主义风格的代表人物有安德烈·古雷基、皮尔·卡丹等。安德烈·古雷基曾学习过工程学，做过飞行员，因此其设计充满科技感。1964年他推出了太空服装，白色是其代表色。这一时期设计的主要特点体现在几何的造型上，灵感主要来自机器人、宇航员。以白色为主，面料较厚，实用性不强。20世纪八九十年代以后，僵硬的外观得到改进，使服装具有更好的服用性和舒适性。（图5-2-51）

欧普风格的特征是视错觉、科学、有序、冷静、迷幻；构成要素为复杂有序的图案。欧普艺术服装品牌有米索尼，它是世界十大顶级奢侈品牌之一，其特点是广泛采用欧普艺术的抽象图案作为其针织材料的纹样，用各色毛线精密细致地编织出一幅幅流动的光效应图。（图5-2-52）

立体主义风格的特征是几何化、理性、简洁、解析；构成要素有立方体、几何形状的组

图5-2-48 学生毕业设计作品：洛丽塔风格服装

图5-2-49 极简主义风格服装

图5-2-50 学生毕业设计作品：简约风格服装　　　图5-2-51 未来主义风格服装

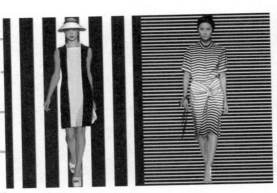
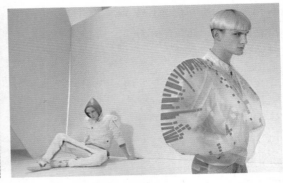

图5-2-52 欧普风格服装

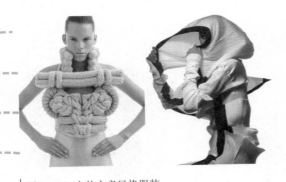

图5-2-53 立体主义风格服装

合、多角度视点。立体主义风格服装表现出两种类型：一种是几何风貌，注重服装在三维空间中的表现；另一种是对传统服装解构的解析。具有代表性的设计师是三宅一生，他关注的不是用服装去表现人体的轮廓，而是用立体解构的服装隐藏人体，为人体创造一个新的轮廓。（图5-2-53）

超现实主义的特征是联想、幻觉、怪异、梦幻；构成要素有非常规材料、错位组合。埃尔莎·夏帕雷利是最早的超现实主义服装设计大师，她与夏奈尔同时代。其最著名的设计是把帽子制成高跟鞋的形状、电话形的手袋以及把人们厌恶的昆虫形象做成首饰和扣子等。在她的作品中，打破理性逻辑和现实常规，利用幻觉的、梦境的非理性手段进行创作，这正是超现实主义的代表。英国著名设计师亚历山大·马克奎恩也是超现实主义的代表人物，他的代表样式有一件黑色披肩式的上衣挂满小骷髅头，用模仿的方法做成透明的胸衣，并以蝴蝶装饰，造成一种梦幻的景象。超现实主义给平淡无奇的生活增添一些乐趣，非常适合特立独行的人。（图5-2-54）

波普风格的特征是大众化、商业化、轻松、便宜、艳俗、花哨；构成要素有人像图案、现成品拼贴、艳丽的色彩、不对称造型。 波普艺术是古典主义、现实主义的对立面，推翻了艺术的神圣性、原创性等规范，使艺术家这个概念不再高高在上，人人都可以称为艺术家，艺术也可以等同于生活，因而波普艺术具有廉价、短暂、易消耗的商业特征。波普风格服装为放肆

图5-2-54 超现实主义风格服装

图5-2-55 波普风格服装

的俗气的集体狂欢，它不再要求合体裁剪，常常采用不对称、宽松的样式；图案不再以装饰为首要目的，以头像、动物、日常用品影像为主，字母和大横条纹也是波普图案的特点；色彩具有前所未有的泼辣感，完全可以用艳俗来形容，既新奇又惹眼；面料为廉价的化纤、人造革，甚至塑料被大量采用，以打破常规的方法组合演绎出丰富、混杂又年轻活泼的大胆风格；服饰品有表现出年轻化的倾向，有特色的服饰品有彩色塑料制成的大珠串、夸张的耳环及手镯，因其廉价和艳俗，所以称为POP。（图5-2-55）

4. 按照音乐分类

可以分为朋克风格、吉拉吉风格、迪斯科风格、嘻哈风格。

朋克风格的特征为叛逆、狂野、"性"主题；构成要素有黑皮夹克、文字T恤衫、鸡冠头、穿孔、文身、铁钉、光头、别针、骷髅造型；朋克街头装束是剃掉耳朵两边的头发，带上大耳钉、鼻环，把粗大的链子当项链，在廉价的黑皮夹克上装饰大量铁钉或别针，将豹纹图案的面料和肮脏军装搭配在一起，喜欢穿着破烂的T恤衫，性感内衣当成外衣招摇过市。总之，凡是社会传统审美认为低俗、粗鲁、没品位的东西，就是朋克垂青的东西。英国著名服装设计师维维安·韦斯特伍德，被称为"朋克之母"，她的经典设计是把衣服撕裂，再用别针连接起来，喜欢把不协调的色彩堆积在一起，非常野性，具有代表性的图案是粗条纹图案。"性"主题也是她的设计重点，在她的设计中极力强调胸部和臀部，把紧身衣当作外衣穿，这些不雅、粗俗的样式恰恰充分体现了朋克的叛逆精神。（图5-2-56）

图5-2-56 朋克风格服装

吉拉吉风格的特征是颓废、邋遢、肮脏、叛逆、破烂、厌世、先锋；构成要素有破旧的牛仔衣、皮夹克、军装、破烂的T恤、蓬乱的头发、肮脏的妆容。服装造型特点是破烂、廉价。牛仔和军装故意撕烂，磨出破洞，或干脆去掉一截，变成不对称的设计。"脏"也是它的一个特点，斑斑驳驳的污渍是时髦的象征，仿佛是乞丐的穿着。20世纪80年代进入中国，被我们定义成"乞丐服"。

迪斯科风格的特征是艳丽、花哨、廉价、俗气；构成要素有喇叭裤、闪光彩色面料、彩色太阳镜。迪斯科20世纪70年代起源于美国，是由黑人创造的音乐形式。迪斯科传达的是一种简单、无聊、颓废的情趣，与朋克同时出现。喇叭裤是最具标志性的迪斯科服装。由于跳舞不需要剧烈的运动，只需反复地扭动臀部，所以裤子的上半部分很紧，下半部分呈喇叭形散开。闪光面料是迪斯科风格服装的典型特征之一，在迪斯科舞厅里有一种迪斯科舞灯，闪光的化纤面料在它的照射下折射成炫目灿烂的效

图5-2-57 迪斯科风格服装

果；最典型的发型是非洲爆炸头，还有蓄小胡子，女子流行高高蓬起的发式，发尾披散；配饰中墨镜是必备品，还有太阳镜、粗糙的金属链子、塑料大耳环和浓妆。（图5-2-57）

嘻哈风格的特征是年轻、运动、轻松；构成要素有大号运动服、松垮的牛仔裤、运动鞋、贝雷帽。嘻哈（Hip-Hop）文化起源于20世纪80年代的美国黑人社区，Hip是臀部，Hop是单脚跳，Hip-Hop就是轻轻扭动臀部跳舞。Hip-Hop服饰中男装的主要特点是宽大，裤子松垮垮地挂于胯部，裤子的裆部几乎垂到膝盖，裤脚直拖地面，宽大的运动外套盖过臀部，包上头巾或歪戴着棒球帽。这种轻松舒适的风格来源于一种无赖行为——黑人家庭为了节省开支，总让弟弟穿上哥哥的旧衣服，这种无赖之举居然慢慢形成了Hip-Hop的独特穿着风格。

女生们的穿着则强调性感，服装要充分体现年轻性感的身姿，呈现热辣风格。典型的服饰是运动裤、牛仔裤、热裤、贴身而闪光的小短裙，上身配短窄的夹克或紧身T恤，再配以运动鞋或高跟鞋，太阳镜、运动型的手表、手包，成为典型的B-Girl形象。

5. 按照社会思潮分类

可以分为中性风格、坎普风格、嬉皮士风格、雅皮士风格、波波风格、小资风格、可爱主义风格、田园风格、后现代主义风格和解构主义风格。

中性风格的特征是硬朗、自信、大方、帅气；构成要素有职业套装、牛仔装、运动装、军装。

坎普风格的特征是男性女性化、做作、艳俗、华丽、夸张、过度；构成要素有女装男性化、男装女性化。坎普风格是一种夸张、做作、花哨甚至粗俗但又貌似前卫的风格，它的先锋性就来自于其未被认可的趣味。坎普时尚的核心在于性别的相反性，如男人用假发、化浓妆、穿裙子和高跟鞋以及夸张妩媚的身体姿态。同时，坎普也包括女性，她们刻意地把自己打扮得如同男性。（图5-2-58）

嬉皮士风格的特征是自由、闲散、凌乱、花哨、廉价、民族特色；构成要素有雏菊、反战

图5-2-58 坎普风格服装

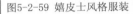
图5-2-59 嬉皮士风格服装

符号、印第安服饰、波西米亚民族服饰、中国服饰、串珠。雏菊是嬉皮士的标志性饰品之一，以白色菊花为主，因而嬉皮士又被称为"花童"、"花之子"；特殊配饰有反战标志和金丝边眼镜；还有民族风格的服饰，如波西米亚的花哨长裙长裤、印第安的毛毯和羽毛饰品、印度式僧袍和念珠、中国扎染。嬉皮士服装常常不分男女；卷曲蓬乱的头发和胡子是其典型标志。（图5-2-59）

雅皮士风格的特征是风度翩翩、高雅奢华、儒雅、物质主义；构成要素有眼镜、大公文包、精致服装。雅皮士是指城市中年轻的、野性勃勃的专业人士，也称"优皮士"，包括男性也包括女性。雅皮士风格服装的重点是保留明显的职业特征和文化气质，即使奢华，也是比较含蓄的。喜欢穿名牌、打领带。女装带有中性气质，裁剪精良，使用垫肩，显示权威和自信，减少了女性化装饰，不论男女，都有积极上进、富有内涵的风度。雅皮士风格应该是高境界的，对于25岁以上的成功男士而言，雅皮士风格是他们最好的选择。（图5-2-60）

波波风格的特征是低调、浪漫、自由、洒脱；构成要素有披肩、长袍、宽松的款式、随意的搭配、低调的色彩。波波族是指拥有高学历、高收入且又讲究生活的品位和心灵的自由，试图在高品质的生活和自由的灵魂中寻找到超然飘逸状态的一群人。波波风格的服饰体现了一种低调的浪漫，是功能与享受的结合，在平实中见潇洒，在隐约处见奢华。

小资风格的特征是有品位、追求格调、矜持、悠闲、缺少幽默、成熟；构成要素有品牌服装、饰品、时尚精致发型、精致妆容、香水。小资风格服装讲究细节，重视服饰的配套性搭配，表现出矜持、刻意的特点，服装需要披肩、丝巾、合适的包、合适的鞋、精致的首饰相配，款式和色彩都不能出错，多了一些刻意，少了一些洒脱。使用香水，香水能使人产生悠闲放松的心情。追求时髦的发型。

可爱主义风格的特征是活泼、年轻、轻松、童趣；构成要素有娃娃装、蝴蝶结、泡泡袖、婴儿色、卡通符号。可爱主义风格服饰为穿娃娃装、画娃娃妆，打扮得很年轻，款式上多用泡泡袖、高腰线和苹果领，以花边和蝴蝶结装饰，色彩为粉红、粉蓝、天蓝、浅紫、浅黄、苹果绿等，图案一定要有活泼可爱的特点，如小圆点、小花、动物图案等。（图5-2-61）

图5-2-60 雅皮士风格服装

图5-2-61 可爱主义风格服装

　　田园风格的特征是淡雅、自然、清新、健康、休闲；构成要素有棉、麻、毛、花卉图案、自然色、花形饰品。田园风格服装优雅、自然、舒适，款式没有约束，去除浮华、繁琐的装饰，追求宽松随意的自然之美，以弧线形为主，加以荷叶边、泡泡袖等元素，适合家居、度假、散步等轻松的活动。（图5-2-62）

　　后现代主义风格的特征是非功能性、风格混淆搭配、幽默、复杂、拆解、拼贴；构成要素有非常规材料、现成品拼贴、多种风格元素混搭。后现代主义以钟爱复杂与混乱来对抗现代主义的冷静单调，以调侃戏谑来反对现代主义的一本正经，以充满游戏与浪漫精神来反对现代主义的功利主义，后现代呈现出"多元化"、"去中心"的特点。后现代主义服饰创作可以从以下几个方面考虑：(1)局部复制；(2)拼贴；(3)不完整与偶发性；(4)复古；(5)幽默；（6）非常规材料的使用；（7）装置艺术；（8）解构主义。后现代主义风格服饰不是指某种特定的样式，而是许多样式的集合体。（图5-2-63）

图5-2-62 田园风格服装

图5-2-63 后现代主义风格服装

解构主义风格的特征是反传统、怪异、散乱、观赏性；构成要素有内衣与外衣交错、不对称结构。解构主义的字面意思就是"对结构的拆解"，拆解后再构成解构主义。解构主义风格打破了服装围绕人体这个主题，在人体某部位进行夸张或简化，构成古怪的人体轮廓。典型的设计师代表有安特卫普六君子。解构的方法有：（1）对服装内部结构的解构，如裁片的再裁剪再随意的组合；（2）对材料的解构，可以是非常规材料的使用，也可以是传统面料的改造；（3）对色彩的解构；（4）对着装意义的解构，如一件衣服可供三个人穿。（图5-2-64）

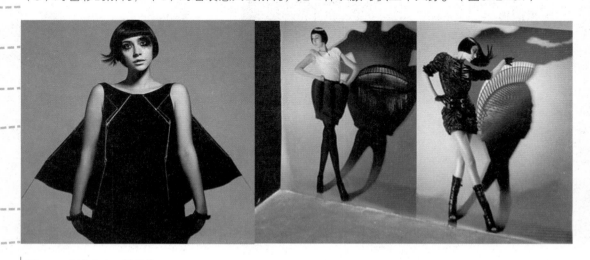

图5-2-64解构主义风格服装

6. 按照功用分类

可以分为运动风格、职业装风格、学院风格、军装风格、工装风格、礼服风格和戏剧风格。

运动风格的特征是舒适、年轻、休闲、实用；构成要素有运动服、休闲服。运动装风格是运动装与休闲服饰的结合，其与运动服存在着紧密联系，但又不完全是运动服。它可以为运动服务，也不限于其他场合，在运动风格时尚中加入一些时装设计的元素，或与其他休闲服饰混合搭配，既方便身体活动，又有时尚气息，非常适合活泼年轻的青年人。运动风格服装设计的特点：（1）款式宽松，便于进行运动；（2）面料柔软，有弹性，还需要有防水、防风、吸汗功能等；（3）上衣多采用拉链设计；（4）多用网眼和类似网眼的面料；（5）鲜艳的结构装饰线和夹缝装饰线；（6）在胸部等处有产品的标志；（7）色彩比较单纯明快，图案少；（8）衣领以圆领居多，领的尺寸宽松。

职业装风格的特征是干练、简洁、自信、大方、文静、都市化；构成要素有套装、衬衫、公文包、丝巾。职业装风格是依据职业特点搭配不同风格的装饰，如律师、国家机关领导等职业的特点是严谨、理性，所用风格应是正式、保守、干练。款式上以西装为主，裙子不宜过短或过长。服装色彩以黑、白、灰、蓝、米色为主，其他职业可根据严肃性和理性程度的不同，加入不同比例、风格的装饰。

学院风格的特征是清新、保守、文静、健康；构成要素有运动服、格子图案、白衬衫、长筒袜、平底鞋、套装。学院风格搭配参考：（1）英伦风格——简洁大方的经典款式，女生裙装，男生西装，裙子、背心、马甲等服装，给人以稳重、古典的印象。（2）运动风格——以运动样式为主，配白色长筒袜，黑色平底皮鞋，运动鞋或帆布鞋，给人以清新、健康、朝气的印象。（3）海军衫（水手服）——很经典的款式，搭配短裙和长筒袜，很适合十七八岁的少女。（4）套装——有中性化的色彩，类似制服，贴身小西装配直筒裙或长裤，白衬衫系蝴蝶结，也可以穿条文衬衫外加单色背心，给人干净利落、充满自信的印象。（5）甜美淑女装——如泡泡袖的连衣裙，长款的高腰裙，粉红色公主裙，给人可爱青春的美好印象。（6）混搭——在美国或中国的高等学府里没有穿制服的要求，学生混搭的代表性风格有浅蓝色牛仔裤搭T恤、运动鞋，天冷加上拉链外套和运动帽，给人健康、朝气的形象。

军装风格的特征是硬朗、自信、潇洒、中性化、严肃、责任感；构成要素有军绿色、铜扣、肩章、迷彩、多口袋、翻领、金属扣。军装风格元素主要是迷彩图案与绿色，其他还有很多，如肩章、领章、翻领、腰带、大檐帽、军用皮鞋等。身材要求高挑、纤细，脸型硬朗、有棱角的人比较适合军装风格，可以很好地衬托出帅气、洒脱的个性。（图5-2-65）

工装风格的特征是休闲、随意、中性化；构成要素有口袋、粗布。工装风格的发明人是Lee牌牛仔服装公司的创始人H.D.Lee，他从汽车修理工的服装中得到灵感，设计出一种背带连身的牛仔裤，在身前和裤子旁边有许多口袋。这种款式在当时风靡美国，后来经过设计师的改良，众多女性也开始喜欢工装裤。工装风格的特点是款式上有许多口袋，色彩以灰、绿、褐色、浅咖啡色等灰色调为主，给人以休闲、帅气、年轻的印象，面料通常是棉质的。

礼服风格的特征是正式、华丽、庄重；构成要素有晚礼服、婚礼服。礼服：是指正式社交场合穿着的服装，主要包括日礼服、晚礼服、婚礼服等。

戏剧风格的特征是体积感、夸张、非功能性、艺术感、非现实性；构成要素有浓妆、假发、装饰、象征符号、面具。戏剧服装有以下主要特色：华丽——如中国的京剧；非现实性——神话剧、儿童剧的题材常有神仙、鬼怪等出现，因此具有非现实性；夸张——如服装与化妆以及肢体语言；符号化——是指在舞台上用指代性的造型元素传达约定俗成的含义。（图5-2-66）

图5-2-65 学生毕业设计作品：军装风格服装

图5-2-66 戏剧风格服装

在确定了主题和设计方案之后，我们还必须考虑到毕业设计的服装不是单件，而是系列装，但是很多学生对于系列装的设计并不是很了解，在这我再和大家讲解一下。

所谓系列服装就是指基本廓形、分布细节、面料色彩、材质肌理、结构形态、披挂方式、图案纹样、文字标志、装饰工艺等这些构成要素的单个或多个在系列中反复出现，并且同时出现大小、长短、疏密、强弱、正反等形式上的变化，使款式的单体相互不雷同，这几款服装被称为系列服装。

系列服装的形式有三种：第一种是并列式，就是系列中的各单位都扮演同等的角色，所起的作用和所占的地位相等；第二种是主从式，就是各单位服装在系列中可分出主角和配角，各自有位，关系明确（奇数）；第三种是搭桥式，它是主从式的延伸，不但在系列中有一款主角，其余的款按其形态的临近性分组，靠主款来搭桥联络。（图5-2-67~图5-2-69）

图5-2-67 并列式

图5-2-68 主从式　　　　　　　　　　　图5-2-69 搭桥式

服装系列设计的重点有三点：（1）强调色彩的主调或组合规律；（2）注重面料的对比组合效应；（3）发掘花色面料的艺术内涵，追求纹样的统一或变化。

如今在服装设计创作过程中，款式设计方面越来越同质化，因此，设计师更多将创意重点放在面料设计和结构设计方面。设计师为了充分表达自己的设计构思，在符合审美原则和形式美感的基础上，经常采用传统与现代的装饰手法，通过解构、重组、再造、提升来对面料进行再次创新设计，塑造出具有强烈个性色彩及视觉冲击力的服装外观形态。面料再造设计是对服装面料的二次加工设计。面料再造设计常用的方法如下：

●二次印染：丝网印花；防染印花（蜡染、扎染、夹染）；拔染印花；转移印花；数码印花；手绘。（图5-2-70、图5-2-71）

●面料结构的变形设计：打褶、折叠、抽纵、扎结、绗缝、堆饰、扎皱。（图5-2-72~图5-2-74）

●面料结构的破坏性设计（减型）：剪切、撕扯、磨刮、镂空、抽纱、烧花、水洗。（图5-2-75、图5-2-76）

●面料的添加装饰性设计（加型）：补花、贴花（珠子、亮片、丝带、花边）、刺绣。（图5-2-77）

●面料的组合设计：拼接；叠加。（图5-2-78）

图5-2-70 面料扎染 ｜ 图5-2-71 面料手绘 ｜ 图5-2-72 面料系扎 ｜ 图5-2-73 面料扎结 ｜ 图5-2-74 面料打褶

图5-2-75 面料镂空 ｜ 图5-2-76 面料抽纱 ｜ 图5-2-77 面料钉片 ｜ 图5-2-78 面料拼接

第三节　设计实施

在所有准备工作都准备充分之后我们就可以开始实施设计了，下面我就以学生的毕业设计为例给大家展示下毕业设计具体的实施和实现过程。

一、灵感来源

该学生毕业设计服装作品"暮色童话"灵感来源于《蝴蝶夫人》。《蝴蝶夫人》被以时装的精巧形式重新演绎，人们再度领略了设计师的超凡天赋——以时装秀为叙事诗，唤醒柔美与敏感的情绪。艳粉、珊瑚红、葡萄紫与青绿色的浓墨重彩强调出服饰自身的鲜明特征。灯笼、樱花、松枝、折扇，多样经典的日式元素令人眼花缭乱。东洋的折纸艺术也在面料上尽情展现，立体几何的硬挺造型将领口雕刻出如同花朵或者盘旋的鸟儿。仿木展式的高跟鞋也同样贴合了折纸的形态，捆绑出另类的压抑与扭曲之美。Galliano对形式主义的回归蔚为壮观，Dior的T台俨然是一个剧场，Shalom Harlow和她的伙伴们以颇具戏剧张力的方法在Galliano的舞台上登台，亮钻的发簪在Harlow艺妓式的发髻间花枝乱颤。（图5-3-1~图5-3-3）

图5-3-1　《蝴蝶夫人》

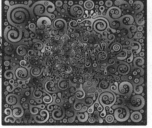

图5-3-2　服饰纹样的灵感来源　　　　　图5-3-3　服饰色彩的灵感来源

二、设计草图

该毕业设计"暮色童话"是以小裙装为基本款式的小礼服。它以简约的浪漫主义精神为设计出发点，以面料的悬垂感塑造线条的流动性和闪耀的亮片赋予的奢华感为主要表现手法，打造优雅大方的中高档创意女装。

图5-3-4所示的该款作品以图腾缠绕为主线，夸张的色彩旨在释放一种人类与自然的磨合感。人类不应只简单被常见的工作色（蓝色、米色、黑色、白色）所束缚，世界是斑斓的，只要张开眼睛，我们就一定能看见。身后的层层纱质浪摆，更是一种洒脱、释放的表达。

图5-3-5所示的该款作品以成片的白色和珠片蕾丝面料做底，表达女性的自然、淡雅。露肩和鱼唇裙摆开口设计，增添其妩媚。

夸张的大面积彩色花瓣构成了图5-3-6所示的该款作品的主要部分。以大片的色彩直接抓住人的眼球，凸显制作主题——人类社会与自然色彩。裙摆紧收膝部以下侧缝放浪，贴身舒适，便于行动。

图5-3-7所示的该款作品简单大方，与图5-3-5所示的作品相互呼应 。女性的柔美曲线是通过多方位体现呼应的。层层的褶皱代替分割线，制作完美贴合。肩后方飘带，潇洒飘逸，亦可作披肩使用。

图5-3-8所示的最后一款作品，其衣服的设计作了两种尝试：左边一套胸口的开口性感体贴，下半段大蓬蓬裙带你步入少女情怀；右边一套髋臀部，紧身裙的设计虽然美观，但上身波浪型制作工艺难度较大，下半段窄摆裙对开衩部位也有一定要求，综合来说不易制作。综合来说考虑最终选择左边一套方案。

又如学生毕业设计服装作品"都市丽人"。该毕业设计的灵感主要来源于韩国SJSJ春夏服饰，以现代都市白领女性穿衣风格为主题，将或柔和或又具有质感的面料，巧妙地设计成既干练又不失时尚感的女性时装，倾心打造时尚、优雅、休闲的风格，为现代都市女性创造阳光、健康、乐观的工作及生活概念。(图5-3-9、图5-3-10)

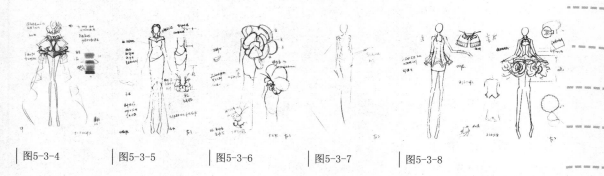

图5-3-4　　　　图5-3-5　　　　图5-3-6　　　　图5-3-7　　　　图5-3-8

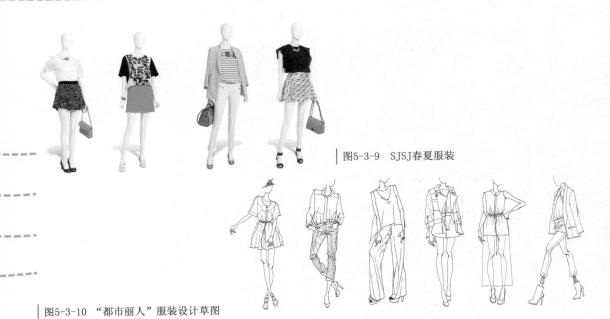

图5-3-9　SJSJ春夏服装

图5-3-10　"都市丽人"服装设计草图

三、确定设计稿

图5-3-11：以图腾缠绕为主线，夸张的色彩旨再释放一种人类与自然的磨合感。以夸张的色彩作为全系列第一套映入眼帘，只要张开眼睛，我们就一定能看见。身后的层层纱质浪摆，更是一种洒脱、释放的表达。

图5-3-12：以成片的白色和珠片蕾丝面料做底，表达女性的自然、淡雅。露肩和鱼唇裙摆开口设计，增添其妩媚。淡淡的色彩，诱人却不妖娆。

图5-3-13：女性的柔美曲线是通过多方位体现呼应的。层层的褶皱代替分割线，制作完美贴合。肩后方飘带，潇洒飘逸，亦可作披肩使用。

图5-3-14：夸张的大面积彩色花瓣构成了该图的主要部分。以大片的色彩直接抓住人的眼球，凸显制作主题——人类社会与自然色彩。裙摆紧收膝部以下侧缝放浪，贴身舒适，便于行动。

图5-3-15：胸口的开口性感体贴，下半段的大蓬蓬裙带你步入少女情怀。由于设计草图中的花朵在现实成品中的制作并不符合人体功效和地球引力，遂更改为双层蓬蓬裙。

图5-3-11　　　　图5-3-12　　　　图5-3-13　　　　图5-3-14　　　　图5-3-15

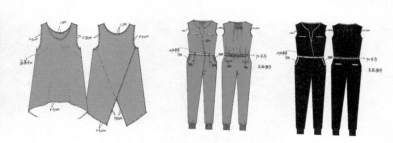

图5-3-16　毕业设计作品"暮色童话"设计效果图

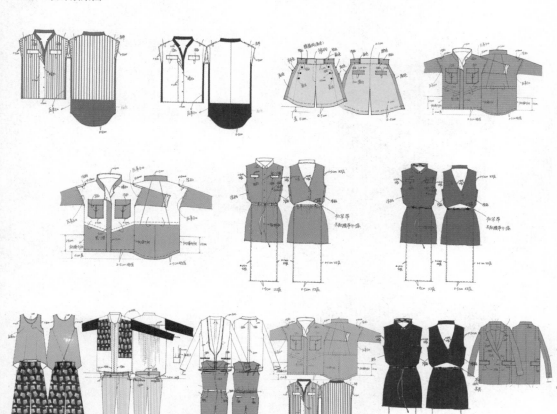

图5-3-17 毕业设计作品"都市丽人"设计款式图、效果图

四、物料准备示例

材料	名称
	厚缎
	线穿亮片
	珠片蕾丝面料
	欧根纱
	软铁一圈
辅料	胸垫、肩带、背扣

"暮色童话"物料清单

材料	名称
	CDC 印花
	卡其
	雪纺
	雪纺
	乔其
辅料	纽扣、吊钟、拉链、缝纫线、撞钉、螺旋绳……

"都市丽人"物料清单

五、成本核算示例

材料	价格	总价
	厚缎 12 元/米	60 元
	线穿亮片 25 元/100 米	120 元
	珠片蕾丝面料 20 元/米	160 元
	欧根纱 5 元/米	7.5 元
	软铁一圈	100 元
辅料	胸垫、肩带、背扣	20 元
合计		467.5元

"暮色童话"物料成本清单

材料	价格	总价
	CDC 印花 45 元/米	200 元
	卡其　25 元/米	100 元
	雪纺　20 元/米	60 元
	雪纺　10 元/米	80 元
	乔其　30 元/米	100 元
辅料	纽扣、吊钟、拉链、缝纫线、撞钉、螺旋绳……	85 元
合计		625 元

"都市丽人"物料成本清单

六、设计生产款式图

学生毕业设计作品"都市丽人"款式图、结构图如下：

图5-3-18设计说明：本套主要以简单为主，上衣的特色就是前面有荡下来的两个波浪，后面的重叠部分是活的，面料采用雪纺，整体看起来很飘逸。下装的特色就是印花面料的应用，加上裤裙效果的设计，体现了利落大方的感觉。

图5-3-19设计说明：本套是西装加上一件连体裤，西装面料采用雪纺，很不同的制作。连体裤采用很亮的橘红的CDC面料，领圈与白色雪纺面料拼接。

图5-3-20设计说明：本套衬衫采用雪纺与印花的拼接加上后片的压褶，还有袖子的配色，整体既和谐又时尚。裤子上有一条条竖条纹，用绿色雪纺面料一条条缝制拼接上去，很有欧美范。

图5-3-21设计说明：本套重点是外套的制作，最后成衣有点改动。面料采用绿色面料配上小面积的红色，达到小面积的撞色，后面又收了很多活褶，看上去很有韩范，腰间从里面收了一个腰带，既可宽松也可修身。整体很时尚、很都市。冒肩袖衬衫也采用彩色拼条。短裤采用红色面料与上面呼应，也加了小面积的撞色。

图5-3-22设计说明：最后两套都是连衣裙，第一件的特色就是裙子下面比里面的裙子长出50~60cm，这样看起来既有层次感又有飘逸感。第二件就是小面积的面料拼接，本布是印花面料，中间收了腰带，既可宽松也可收腰。

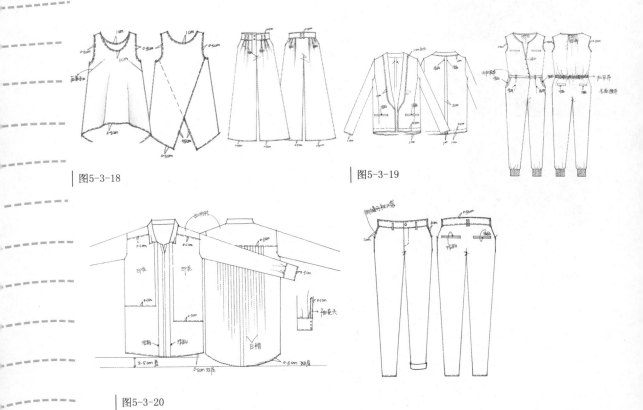

图5-3-18　　　　　　　　　　　　　　　　　　图5-3-19

图5-3-20

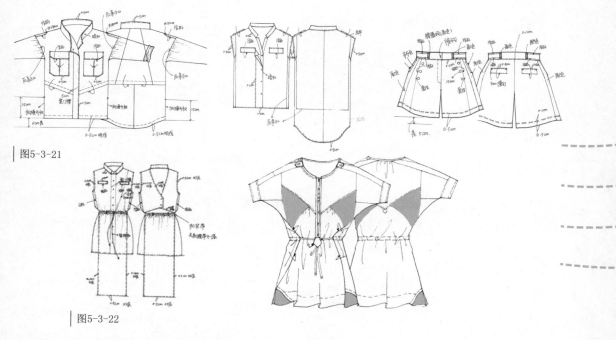

图5-3-21

图5-3-22

学生毕业设计作品"双面佳人"款式图如下：

图5-3-23设计说明：后期进行制作时，把连体的披肩改为分体的斗篷更具美感，斗篷的材质选择亮片和钉珠，与其他三套相呼应。

图5-3-24设计说明：高腰的腰封和后背的钉珠，体现了奢华的精致，并同时前后的装饰品都可以随意取下，大大方便了着装的舒适性。

图5-3-25设计说明：胸前的水钻链条犹如星空中飞纵即逝的流星雨，水钻链条顺着衣服打褶的纹路，使服装在随着模特走动中流淌出节拍和韵律，更显出光彩照人，并且所有的装饰通过搭扣都可随意取下。

图5-3-26设计说明：运用抽褶使面料自然隆起，产生了不定的轮廓外形；前胸的水钻烫出太阳的形状，再蒙上睫毛蕾丝，让耀眼的水钻呈现出若隐若现的朦胧美感；后背的轻纱体现了女性的柔媚与性感。

图5-3-23

图5-3-24

图5-3-25

图5-3-26

第四节　设计实现

当效果图、款式图都已完成，所有的面料、辅料都已准备就绪后，我们就可以开始进行制作，把我们的设计稿转化为实物了。在批量生产前，首先要做好大生产前的技术准备工作。技术准备包括工艺单、样板的制定和样衣的制作三个内容。技术准备是确保批量生产顺利进行以及最终成品符合客户要求的重要手段。

一、样板制定

样板制作要求尺寸准确，规格齐全。相关部位轮廓线准确吻合。样板上应标明服装款号、部位、规格、丝缕方向及质量要求，并在有关拼接处注意样板复合。

学生毕业设计作品"大海情怀"纸样设计图如下：

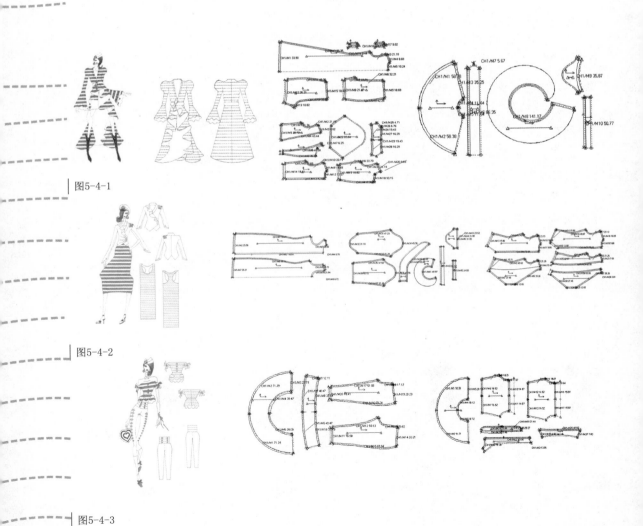

图5-4-1

图5-4-2

图5-4-3

二、制作生产工艺单

工艺单是服装加工中的指导性文件，它对服装的规格、缝制、整烫、包装等都提出了详细的要求，对服装辅料搭配、缝迹密度等细节问题也加以明确，服装加工中的各道工序都应严格参照工艺单的要求进行。

学生毕业设计作品工艺单示例如下：

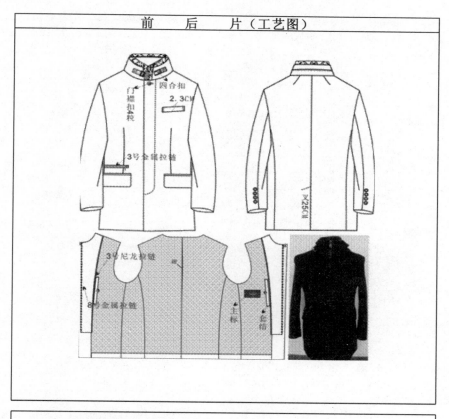

备注：里袋按封样开两个里袋

尺 码、成 品 尺 寸（cm）							
名称/规格	165\84A	170\88A	175\92A	180\96A	185\100A	190\104A	公差
	44	46	48	50	52	54	
后中长	77	79	81	83	85	87	±1
肩 宽	45.4	46.6	47.8	49	50.2	51.4	±0.5
胸 围	102	106	110	114	118	122	±1.5
腰 围	92	96	100	104	108	112	±1.5
摆 围	106	110	114	118	122	126	±1.5
袖 长	59	60.5	62	63.5	65	66	±0.5
袖 口 1/2	13.5	14	14.5	15	15.5	16	±0.3

辅　料			
名　称	规格、货号	数量	备　注
主 标	11281202470	1 枚	康 奈
水洗标	11281201520	1 枚	康 奈
大纽扣	按原样不到字母	4+1 粒	供应商提供
小纽扣	按原样不到字母	10+1 粒	供应商提供
领四合扣	直径 1.5cm	1 粒	供应商提供
8 号金属拉链		1 条	供应商提供
3 号尼龙拉链		2 条	供应商提供
3 号口袋拉链	金属	1 条	供应商提供

一、缝制工艺

针距、线迹：明线针距 9～10 针/3cm，暗线针距 12 针/3cm；机针用 11 号，

里面线迹统一按要求调试好，明线为丝线，暗线为细线，均为本色；

缝位均为 1.2cm；里布用我公司提花里布。拉链装之前均需蒸汽预缩。

二、后整工艺

1. 锁眼、订扣：袖口、门襟扣眼、纽扣按板位置锁订准。

2. 剪线：各部位线头清理干净。

3. 大烫：各部位顺毛整烫平服，从里往外烫，不可极光。

4. 检验：按工艺要求 100%全检，成衣整洁，各部位尺寸控制在公差内。

5. 包装：严格把好品质关，控制线头、油污、破痕、次品入袋。

尺寸规格（cm）					
部位	XS	S	M	L	XL
衣长	130	135	140	145	150
胸围	88	92	96	102	104
夹阔	21.5	22	22.5	23	23.5
领宽	14.5	15	15.5	16	16.5
前领深	11.5	12	12.5	13	13.5
后领深	2.3	2.3	2.3.	2.3	2.3
门襟宽	2.5	2.5	2.5	2.5	2.5
肩宽	37	38	39	40	41
袖长	36	36.5	37	37.5	38
膊骨走前	1	1	1	1	1
袖口大	14	14.5	15	15.5	15.5
袖袢	2.5×15	2.5×15	2.5×15	2.5×15	2.5×15
袖贴	2.5×2.5	2.5×2.5	2.5×2.5	2.5×2.5	2.5×2.5

原辅料	规格	数量	颜色	部位	长吊牌	1
涤棉布			蓝色	全部衣身	吊牌	1
涤棉线	603		蓝色	所有缝线	主唛	1
纽扣		7颗	黑色	袖贴，门襟	尺码标	1
无纺衬				门襟，袖贴，领		

工艺要求：

（1）裁剪：核实裁剪数量正确，并按样板裁剪。拉布平整，一顺拖料，布边一边对齐，注意倒顺光及面料色差，各部位刀眼钉眼对齐，丝绺顺直。打号清晰，位置适宜，不得漏号。

（2）缝纫：针距4/1cm。此款领为衬衫领，领边压0.5cm明线，领座压0.1cm明线。肩缝压0.5cm明线向后倒。袖口上。18cm袖中位外钉袖贴、内钉袖袢。前门襟压0.1cm明线，按钉眼位打扣眼。衣身与裙身拼接，腰部镶橡筋，橡筋宽2.5cm。裙摆卷边压1.5cm明线，后背拼接平整压0.5cm明线。

（3）订标：配色线车尺码标于后领中下边1.5cm处，洗标在穿起左边侧缝下起15cm线头修剪干净，无污迹。

（4）整烫：整烫要平服，不起皱，无极光。一批产品的整烫折叠规格应保持一致。

（5）检测与包装：领口圆顺，左右袖对称，大小一致，商标、标记清晰端正。成衣熨烫平挺，折叠平服端正。衣身保持清洁，无线头。每一批产品的包装要统一。

三、白坯布试样及修改

在完成工艺单和样板制定工作后，可进行小批量样衣的生产，针对工艺的要求及时修正不符点，并对工艺难点进行攻关，以便大批量流水作业顺利进行。样衣经过客户确认签字后成为重要的检验依据之一。

学生毕业设计作品"暮色童话"坯布试样如下：

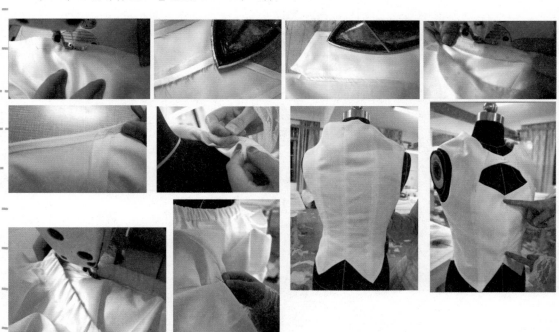

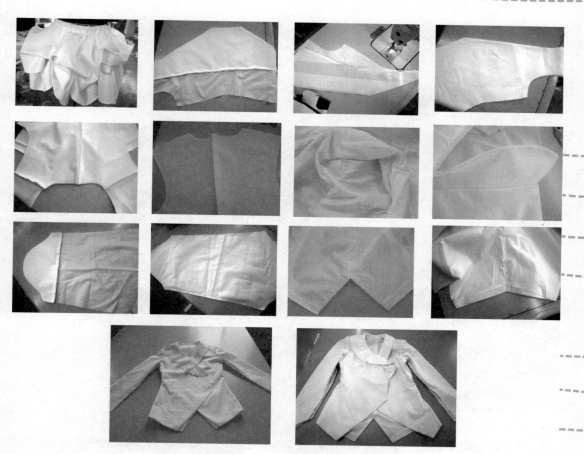

图5-4-4 "暮色童话" 坯布试样

四、排料、裁剪和成衣制作

裁剪前要先根据样板绘制出排料图，"完整、合理、节约"是排料的基本原则。在裁剪工序中主要的工艺要求如下：

（1）拖料时点清数量，注意避开疵点。

（2）对于不同批染色或砂洗的面料要分批裁剪，防止同件服装上出现色差现象。对于一批面料中存在色差现象的要进行色差排料。

（3）排料时注意面料的丝绺顺直以及衣片的丝缕方向是否符合工艺要求，对于起绒面料（例如丝绒、天鹅绒、灯芯绒等）不可倒顺排料，否则会影响服装颜色的深浅。

（4）对于条格纹的面料，拖料时要注意各层中条格对准并定位，以保证服装上条格的连贯和对称。

（5）裁剪要求下刀准确，线条顺直流畅。铺型不得过厚，面料上下层不偏刀。

（6）根据样板对位记号剪切刀口。

（7）采用锥孔标记时应注意不要影响成衣的外观。裁剪后要进行清点数量和验片工作，并根据服装规格分堆捆扎，附上票签注明款号、部位、规格等。

学生毕业设计作品"都市丽人"排料、裁剪过程如下：

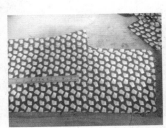

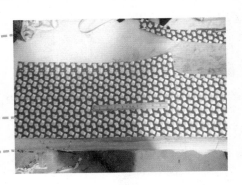

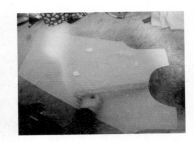

图5-4-5 "都市丽人"服装排料、剪裁过程

　　缝制是服装加工的中心工序，服装的缝制根据款式、工艺风格等可分为机器缝制和手工缝制两种。

　　（1）为防止变形和起皱，缝制过程中经常用到粘合衬。其种类以无纺布、梭织品、针织品为底布居多，粘合衬的使用要根据服装面料和部位进行选择，并要准确掌握胶着的时间、温度和压力，这样才能达到较好的效果。

　　（2）梭织服装缝制中针、线以及针迹密度的选择，都应考虑到服装面料质地及工艺的要求。

　　（3）缝线的选择原则上应与服装面料同质地、同色彩（特别用于装饰设计的除外）。缝线一般包括丝线、棉线、涤纶线等。在选择缝线时还应注意缝线的质量，例如色牢度、缩水率、牢度粗强度等等。

　　（4）服装的缝制整体上要求规整美观，不能出现不对称、扭歪、漏缝、错缝等现象。条格面料在缝制中要注意拼接处图案的顺连，条格左右对称。缝线要求均匀顺直，弧线处圆润顺滑；服装表面切线处平服无皱痕、小折；缝线状态良好，无断线、浮线、抽线等情况；重要部位例如领尖不得接线。

　　学生毕业设计作品"都市丽人"缝制过程如下：

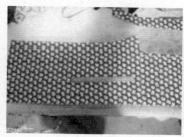

剪好裁片，然后靠边、缝制侧缝1cm，上下要对齐。

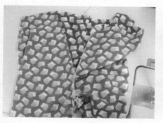

侧缝缝制完成之后，缝制活褶，活褶量一个为2.5cm、长11cm，另一个为3cm、长12cm，前后各四个活褶。

先把门襟靠好边之后，开始缝制门襟1cm，然后上拉链，上拉链的时候一定要注意两边缝制在一起，底部一定要对齐。

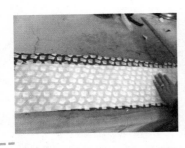 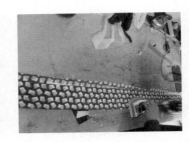 

腰头烫衬，长80cm、宽10cm，对折烫好；缝制裤袢，六个；然后缝制腰头1cm，最后压0.1cm亲子口。

缝制裤脚，卷边2.5cm完成。最后，把整体熨烫，侧缝要分缝熨烫。

学生毕业设计作品"双面佳人"裁剪、制作过程如下：

制作方法：立体裁剪+平面纸样。

制作难点及解决办法：

最后成品

图5-4-6 "都市丽人"服装缝制过程

卷边性——进行包边、镶接罗纹或滚边以及在服装边缘部位用镶嵌粘合衬条的办法解决。

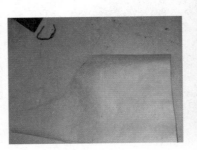 

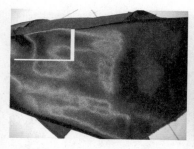

悬垂性过好——和色丁布相拼接，利用色丁布的牵制性来解决，利用面料的性能，反弊为利，从而使服装得到特殊的外观风格，令人耳目一新。辅料也同样运用弹性辅料，如0.5mm的透明弹力带、尼龙弹力线。款式设计上突出面料悬垂的特性，从而制造出悬垂的古典造型。

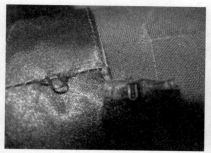

舒适性结合装饰性——钉珠的运用让原本简单的服装立刻闪亮起来，但家居服在时尚的同时一定要舒适，利用暗扣、搭扣等小辅料，从而解决了这一问题，让所有耀眼的辅料都能随意佩戴。

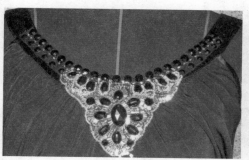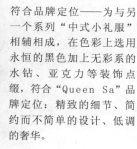

符合品牌定位——为与另一个系列"中式小礼服"相辅相成，在色彩上选用永恒的黑色加上无彩系的水钻、亚克力等装饰点缀，符合"Queen Sa"品牌定位：精致的细节、简约而不简单的设计、低调的奢华。

图5-4-7 "双面佳人"服装设计的裁剪制作过程

五、成衣搭配

图5-4-8 "生命的起源"服装设计成衣搭配

图5-4-9 "缠"服装设计成衣搭配

图5-4-10 "大海情怀"服装设计成衣搭配

图5-4-11 "波尔卡变奏曲"服装设计成衣搭配

图5-4-12 "暮色童话"服装设计成衣搭配　　图5-4-13 "都市丽人"服装设计成衣搭配

第五节　服装品牌形象设计

一、品牌与标志设计

品牌一词来源于英语"Brand"和"Trade Mark"，原来是在马、牛、羊等家畜身上烙印以区分不同的饲养者，而后逐渐地发展成为不同类型产品表征的一种手段。美国营销学家Philip Kotler对品牌的定义："品牌就是一个名字、称谓、符号或设计，或是上述的总和，其目的是要使自己的产品或服务有别于其他竞争者。品牌是在产品和消费者的互动中形成的一种无形资产，是指与其他企业的商品、服务明显区别的名称、术语、设计和象征。"

服装品牌是用以识别某一个服装企业的产品或服务，体现其与同行竞争者的商品的区别而采用的名称、图案及组合；也可解释为"表示商品的质量、档次、种类以及制造地、所有者的图形、名称和商标。"

（一）品牌内涵构造的三个层次

1. 内核层：作为物质存在的产品本身，即物品的价值。包括产品的质量、性能、尺寸、价格等商品的属性。

2. 中间层：产品被赋予的名称、语言、记号、象征、设计等表现要素，是品牌的风格、内涵及状态。

3. 外层：品牌的形象，即意识的价值。包括消费者对品牌的印象、感情、评价等意识的整体。

（二）品牌的构成要素

1. 显性要素

（1）品牌名称：对于品牌来说，名称是一个基本而重要的构成要素，它往往简练直接地反映产品的中心内容。

（2）标志与图像：代表某种产品的符号或图案，是品牌用以激发视觉感知的一种识别体系。

（3）标志字：是品牌中可以读出来的文字部分，常常是品牌的名称，或企业的广告语。

（4）标志色：是指用于体现自我个性以区别其他产品的色彩体系。

（5）标志包装：具体产品的个性包装。

2. 隐性要素

（1）品牌承诺：承诺的实施方是企业生产者，受用方则是消费者。一个品牌对消费者而言是一种保证、一种承诺。

（2）品牌个性：就像人有人格一样，每个品牌都有自己的风格，因此，品牌不同于商标，它不仅是一种符号，更是一种情感。

（3）品牌体验：消费者是品牌的最终拥有者，品牌是消费者经验的总和。

标志，是以单纯、显著、易识别的物象、图形或文字符号为直观语言，代表特定事物或机构，具有某种特殊含义或象征意义的符号。一般分为商标（图5-5-1、图5-5-2）、徽标（图

5-5-3、图5-5-4）和公共标志（图5-5-5、图5-5-6）等。英文称为：logo。在信息化社会里，标志运用视觉形象，成为沟通人与产品、企业和社会最直接的中介之一。标志在企业和人们的日常消费生活中发挥着越来越重要的作用。

（三）标志的基本组成元素

标志通常有以下三个要素组成：名称、图案和色彩。

1. 名称

一个好的标志，与众不同且响亮动听的名称是必不可少的。标志的名称应遵循"顺口、动听、好记、好看"的原则。同时，标志名称要有独创性和时代感，并富有新意和美好的联想。例如"例外"服饰，给人惊喜、与众不同的联想，突出了产品的性质（图5-5-7）；又如"爱马仕"服饰，象征着"爱马仕提供的虽然是一流的商品，但是如何显现出商品的特色，需要消费者自己的理解和驾驭"之意（图5-5-8）；再如"彪马"运动服，体现了运动的速度感等等。

2. 图案

图5-5-1

图5-5-2

图5-5-3

图5-5-4

图5-5-5

图5-5-6

图5-5-7

图5-5-8

图5-5-9

　　图案是标志中另一个重要的元素。图案不仅要有创意，还要简洁易记。如图5-5-9所示，以不同类别的银行标志为例，采用了具有创意性的简洁图案，给人一目了然的感觉，使人印象深刻。

　　此外，采用动物形象作为标志图案时，应注意不同民族、国家对于动物的喜爱是不同的，如英国人喜欢狮子，中国人喜欢龙凤，等等。（图5-5-10~图5-5-12）

　　3. 色彩

　　色彩因素在标志中起着十分重要的作用。不同地域的人们对于色彩的喜爱偏好也不同，所以标志在运用中应采用大众色，比如说三原色（红、黄、蓝），这三种颜色纯度鲜艳亮丽，更容易吸引人们的眼球。（图5-5-13~图5-5-15）

　　（四）一个好的标志应具备的条件

图5-5-10

图5-5-11

图5-5-12童装标志

图5-5-13

图5-5-14

图5-5-15

1. 简洁明了，构思深刻

过于复杂的设计会产生沟通的障碍，传递给消费者过多杂乱的信息。如图5-5-16所示的美国"花花公子"标志构思巧妙，简洁明了。兔子头加小领结，被认为表现了"花花公子"娱乐的一面，代表了生活中更轻松的一部分。PLAYBOY商标是"休闲品位"的综合商标，也就是要"最愉快，最有价值的生活"的意思，其精神，即是要使生活除了忙碌的工作之外，还要有休闲及生活情趣，从而也能更好地工作。法国"鳄鱼"标志与"花花公子"标志相比较而

言，创意稍逊一筹，图案也稍显繁琐。（图5-5-17）

2．生动醒目，易于识别

标志是用来向消费者传递产品或品牌信息的，因此，标志设计的图形符号和寓意象征必须清晰醒目，便于消费者记忆与识别。例如图5-5-18和图5-5-19所示的两个标志，前者外轮廓的细线条在标志上使用，视觉效果就显得很弱，因为观看起来不清晰，过于细的线条在各种复制的过程中很容易断开甚至不能呈现；后者则由于采用大块面蓝色做底，小面积白色留白，显得非常醒目，便于识别。

"800网络"公司的标志是一张笑脸形态的电源插座，寓意该公司的产品种类和友好的服务态度。（图5-5-20）

Polo Jeans Ralph Lauren名牌服饰的标志设计以美国国旗为原型，结合品牌名称首字母，突出牛仔服产品的原产地特点。（图5-5-21）

3．能适应各种应用场合，具有较强延展性

标志设计作为企业形象的核心部分，不能随意改动。在具体媒体扩展运用时，必须适应各媒体的条件。标志的形状、大小、色彩和肌理，都要视情况作出弹性调整。例如，美能达标志中央的五条光栅线条是设计创意所在，但是如果应用在名片等需要缩小应用的媒体上，往往会含糊不清、难以辨识（图5-5-22）。设计师需要对线条的数量和粗细加以适当调整，使之适合于各种缩小的尺寸。at&t的标志也有类似的变化。（图5-5-23）

4．能准确传达品牌或产品特征

标志最主要的功能是区分不同的商品，树立自己特有的品牌形象，通过标志将自己的商品与他人的区分开来，以方便消费者选择。Mobile money是一家美国银行推出的移动银行业务，标志图形是一张车轮上的美元，形象体现了移动金融服务的思想，倾斜的车身和三条移动线，体现了快速、亲切和友好的服务态度。小马哥儿童用品有限公司标志以儿童喜欢的卡通小马图案、手写字体和红黄蓝绿等纯色为创意点，有效地获得了儿童消费者的喜爱。（图5-5-24、图5-5-25）

5．必须具有鲜明的文化性和艺术性

标志不仅传递产品或品牌信息，而且传播着企业独一无二的企业文化。现实生活中许多消费者有认牌购物的习惯，这种消费行为不仅仅是对商品品质的信赖，而且在于他们认同品牌所传递出来的

图5-5-16

图5-5-17

图5-5-18

图5-5-19

图5-5-20

图5-5-21

图5-5-22

图5-5-23

图5-5-24

图5-5-25

文化、身份、地位和生活方式的象征。如著名设计师陈幼坚先生为香港西武百货公司设计的标志，他将传统图形"双鱼"演变为西武百货公司英文名字"SEIBU"中的"S"，代表阴阳哲学观念的双鱼图，是中国人对宇宙万象观察体会的经验总结，这种阴阳相对、轮回更迭的自然规律，通过渐长渐消、首尾相抱、相互推动旋转的黑白双鱼表现出来，象征着公司持久的生命力，同时鱼与余同音，又蕴含着连年有余的特定吉祥内涵。精妙准确，恰到好处。（图5-5-26）

北京2008年奥运会申办标志采用奥运五环色组成五角星，环环相扣，同时又是中国结形象，象征五大洲团结、协作、交流、发展；五星似一个打太极的人形，以表现中国传统体育文化的精髓，整体形象行云流水、和谐生动、充满动感。（图5-5-27）

（五）标志的分类

标志按照表现形式的不同可以分为以下三类：具象型标志、抽象型标志和文字型标志。

1. 具象型标志

具象型标志是指直接利用具有代表性的物象来表达含义。这种手法直接明确且一目了然，便于迅速理解和记忆。如表现教育行业的标志以书为形象；表现快递运输业的标志以火车、飞机为形象，服装行业以服装为形象，等等。（图5-5-28~图5-5-30）

我们根据其不同的图形造型，又可将具象型标志分为

图5-5-26

BEIJING 2008

图5-5-27

以下几种：

（1）人体造型的图形

人的身体姿态动作完全可以传达一个简洁明了的概念，在标志中运用十分广泛。例如图5-5-31所示的Tommy Girl服装品牌的标志，以街舞女孩为形象，使标志生动活泼。乔丹运动服标志以体育明星乔丹扣篮的标志性动作为形象，让人记忆深刻。（图5-5-32）

（2）动物造型的图形

早在远古时期，人们就把动物作为图腾崇拜的标志。即使在当今社会，人们依然对动物造型情有独钟。但应注意，选用动物时，应考虑到不同区域对于动物的喜爱也有所不同。（图5-5-33~图5-5-35）

（3）植物造型的图形

植物造型的图形应用到标志中，常会给人一种清新爽朗、绿色环保的自然感觉。（图5-5-36~图5-5-38）

（4）器物造型的图形

器物造型的图形涉及的范围广阔、品种繁多。器物指的是各种用具的总称。大至高耸入云的建筑物、巨大的交通工具等，小至铅笔、电器插座和插头、文具、餐具等等。如图5-5-39

图5-5-28

图5-5-29

图5-5-30

图5-5-31

图5-5-32

图5-5-33

图5-5-34

图5-5-35

和图5-5-40所示的两个标志，一个以美发剪造型为创意表现美容美发的行业特色，一个以房屋造型为创意表现了房地产机构"房地产开发、建造"的经营管理特点。

（5）自然造型的图形

自然现象是神秘的自然力的象征。星象、水和火星是这一类型标志常用的题材。（图5-5-41~图5-5-43）

2. 抽象型标志

抽象型标志是指用理性的、纯粹的点、线、面、体组成的抽象图形来表达含义。这种标志在造型效果上有较大的发挥余地，具有强烈的现代感和符号感。当标志所属公司的产品或服务比较难以用言语表达，或当你更希望传达的是一些如力量、良好关系、想象等这些概念，或当你公司的产品或服务非常多元化时，我们通常采用抽象型标志设计。例如图5-5-44和图5-5-45所示的两个标志，一个是一家电脑硬件公司的标志，采用了抽象的英文字母A表示，具有很强烈的符

图5-5-36

图5-5-37

图5-5-38

图5-5-39

图5-5-40

图5-5-41

图5-5-42

图5-5-43

图5-5-44

图5-5-45

图5-5-46

图5-5-47

图5-5-48

图5-5-49

图5-5-50

图5-5-51

号感；一个是迈克尔和苏珊·戴尔基金会品牌形象标志，是一只蝴蝶，代表了光明的未来，这充分展现了基金会的使命：改变贫困孩子的生活。

（1）圆形标志设计

圆形容易吸引人的视觉注意力，形成视觉中心。同时，圆形又象征着全、满、圆的美好意愿，所以在标志中得到了广泛运用。圆形标志图形一般可分为正圆形、椭圆形和复合形三类。（图5-5-46、图5-5-47）

（2）四方形标志设计

四方形具有四个角和一个中心的基本特征。四方形与圆形相比，具有一定的方向性。正方形、矩形、梯形、菱形都是四方形。（图5-5-48、图5-5-49）

（3）三角形标志设计

标志中出现的三角形主要有两种表现形式：一种是正立三角形，显得特别的稳重；另一种是倒立三角形，这种三角形将宽大的顶部支撑在一个支点上，形成了一个极其危险的平衡方式。（图5-5-50、图5-5-51）

（4）多边形标志设计

多边形是指由多种几何形组合而成的图形。其构成方式一般有两种：一种是由各种几何形相互切割构成的，如圆形和四方形的切割等；另一种是由各种几何形并置而成的。在标志设计中，多边形往往能表现多种形式和内容。（图5-5-52、图5-5-53）

注意：在视觉记忆方面，多边形不如其他简单的几何形那样容易记忆。

3. 文字型标志

文字型标志是指标志形象以文字为主的标志。文字型标志根据不同类别的图形又可分为汉字标志、字母标志和数字标志。

（1）汉字标志

汉字被认为是表形和表意文字的典范。人们常常运用汉字的象征意义来表达对美好事物的祝愿。在标志设计中，汉字也同样得到了广泛的运用。例如图5-5-54所示的苏洋尔品牌服装标志设计将苏洋尔中文字的笔画做了拉伸卷曲变形处理，表示出服装面料的柔软舒适。图5-5-55所示的红人馆服饰标志设计采用超长细黑体，将红人中文字进行竖向拉伸，形成纤细简洁的时尚感。图5-5-56所示的上海世博会票务中心标志设计主体是一个红色的"票"字，同时勾勒出上海世博会中国馆"东方之冠"的形象外观，与北京奥运会票务标志有着异曲同工之妙。

（2）字母标志

字母标志具有言简意赅、形态多样等优势。在标志设计中，得到了广泛应用。字母标志一般采取字母组合和象形图形相结合等方式。其中字母组合又包括全称字母组合、单一字母、字母缩写组合等形式。Modini鞋业公司标志设计以一双女性高跟鞋图案组合成品牌首字母M，传递出企业鲜明的经营特色。（图5-5-57~图5-5-59）

（3）数字标志

数字标志是指以数字作为标志造型基础的标志。由于数字的独特性和便于识别的特点，得到了越来越多人的喜爱。棉立方服饰标志设计运用棉花英文首字母C和阿拉伯数字3为基本元素组合，形象地表示出品牌的中文含义。第九艺术摄影标志设计以数字9做旋转重复排列，又组成相机快门图案，形象地展示出专业摄影的特点。（图5-5-60~图5-5-62）

图5-5-52

图5-5-53

图5-5-54

图5-5-55

图5-5-56

图5-5-57

图5-5-58

图5-5-59

图5-5-60

图5-5-61

图5-5-62

（六）标志设计的创意定位

　　一个优秀的标志必须有好的创意，好的创意必定来自对主题本身的挖掘。因此，只有去了解这个企业的背景和文化及国内外比较知名的同类企业，牢牢把握好主题，展开发散式的思维，才能找到最佳定位点。当这个企业的主题一旦确定，造型要素，标志中的色彩运用等等，表现形式自然而然地就展开了。一个成功的标志要具备塑造企业品牌形象的功能目标，也是这个标志设计的最终目的。那么，企业标志究竟该如何定位呢？

　　1. 以企业文化或经营理念为题材

　　企业理念包含企业的宗旨、企业文化等，比较抽象。随着商业信息传递与科技文化交流速度加快，面对现在复杂多变的竞争环境和加入WTO后各个行业所面临的机遇和挑战，如何使企业的经营内容或企业的实态与外部象征——企业标志相一致？如何获得社会大众的一致认同？将企业独特的经营理念和企业精神、企业文化采用抽象化的图形或符号具体地表达出来就显得尤为重要。一般可运用象征、联想、借喻的手法进行构思。例如，范思哲的品牌标志是蛇妖美杜莎，代表致命的吸引力，是具有独特美感的艺术先锋，强调快乐与性感。NIKE这个名字，在西方人的眼光里很是吉利，易读易记。耐克商标象征着希腊胜利女神翅膀的羽毛，代表着速度，同时也代表着动感和轻柔。耐克公司的商标图案是个小钩子，造型简洁有力，急如闪电，一看就让人想到使用耐克体育用品后所产生的速度和爆发力。（图5-5-63、图5-5-64）

　　2. 以经营内容与企业经营产品的外观造型为题材

　　对于一些行业特点较强，其形态具有广泛认知度的企业可使用这种方法进行设计。这个方法具有形象直观、易认易记的优势。图5-5-65和图5-5-66所示的两个标志设计都是将文字或字母组合变形成衣架形状，让人直观地了解公司的服装行业性质。

　　3. 以企业名称、品牌名称与其字首组合为题材

　　其设计特点，在于取字首形成强烈的视觉冲击力，强化字首特征，增强了标志的可视性，发挥相乘倍率的效果。夏奈尔服装标志就是由chanel字首c组合而来，同时又形象地表现出品牌如山茶花一样娇柔精致、纯净无瑕、极为优雅、毫不张扬的特性，非常生动易记。福迪斯标志设计以品牌中文名称首字"福"与品牌中英文相组合而成。（图5-5-67、图5-5-68）

　　4. 以企业名称、品牌名称或字首与图案组合为题材

图5-5-63

图5-5-64

图5-5-65

图5-5-66

这种设计形式是文字标志与图形综合的产物，兼顾文字说明和图案表现的优点，是具象和抽象的结合。两种视觉形式相辅相成。彪马标志设计是用品牌名称与一只腾空而起的美洲豹图案组合而成，表现了公司体育用品追求个性、充满动感的特点。美之然美容美体logo是以"树"和"人"为基本创意元素设计而成，"自然"则是该标志的设计主题，寓意美之然让所有女人美出自然、舞出奇迹。树叶的飘动寓意着美之然赋予所有女人有生命力的滋养，诠释了美容美体行业的特点。（图5-5-69、图5-5-70）

5．以企业名称和品牌名称为题材

这是近年来在国际上较为流行的做法，即所谓名称标志，他可以直接传达企业的信息。在企业名称字体的设计中，采用对比手法，使其中某一字母具有独特的差异性，以增强标志图形的视觉冲击力。往往特异部分也是企业信息的主要内容所在。如宛如歌标志设计的品牌名称中字母O的设计采用高音符号的变异替换设计，使品牌名称给人以直观的感觉，容易识别与记忆。T·SHOW时尚服饰标志设计将其英文字母以汉字的笔画形式表现，是一次中西文化的结合，突出汉字引领国际潮流，文字的边缘虚线装饰，体现服装行业的基本特性；色彩简洁明快，使人感受到愉悦轻松的氛围，追求简单轻松的生活方式，这正是T·SHOW时尚服饰的使命。（图5-5-71、图5-5-72）

（七）标志设计的表现形式

归纳起来就是三种表现形式：

1．具象形式：基本忠实于客观物象的自然形态，经过提炼、概括和简化，突出与夸张其本质特征，作为标志图形。这种

图5-5-67

图5-5-68

形式具有易识别的特点。（图5-5-73、图5-5-74）

2. 意象形式：以某种物象的含义为基本意念，以装饰的、抽象的图形或文字符号来表现的形式。（图5-5-75、图5-5-76）

3. 抽象形式：以完全抽象的几何图形、文字或符号来表现的形式。这种图形往往具有深邃的抽象含义、象征意味或神秘感。这种形式往往具有更强烈的现代感和符号感，易于记忆。（图5-5-77、图5-5-78）

（八）标志设计的表现手法

我们可以通过形的群化、同构、打散重构、重复、渐变、特异、正负形、变形添加、空间透视等方法来使它们变得漂亮实用。

1. 群化：以一个单纯的"形"为元素，做方向、位置、大小等变化的组织，构成视觉效果完全不同的新图形。常用方法有：对称、平衡、平移、旋转等。（图5-5-79）

将元素基本形"三角形"旋转排列组成一组传达了团队、合作等含义。严谨的排列顺序也象征着结构稳定，而一朵花的整体形象则暗示着公司的成长。重叠的对象围绕中心点组成的图案，暗示着发展、深思熟虑的行动或者团结。这种连锁的图形也传达了关系及团队力量等含义。（图5-5-80）

纯羊毛标志是国际羊毛局授权的纺织品商标，是羊毛产品质量和信心的保证。这个以排列整齐的曲线经旋转排列组合而成的酷似一团毛线的标志现在到处可见，象征着源源不绝、取之不尽的纺织原料和柔软连绵的羊毛。它是

图5-5-69

图5-5-70

图5-5-71

图5-5-72

图5-5-73

图5-5-74

图5-5-75

图5-5-76

图5-5-77

图5-5-78

图5-5-79

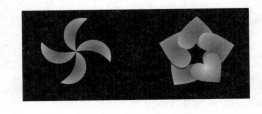

图5-5-80

国际著名商标，证明了您所购买的针织服装是用纯新羊毛制作，羊毛含量达95％以上。（图5-5-81）

2. 同构：两个或两个以上图形组合在一起，共同组合成一个新图形。这个新图形不是两者简单相加，而是一种超越或突变，形成一种强烈的视觉冲击力。Library Cafe标志设计将咖啡杯与图书两个图形组合在一起，King of Design标志将皇冠与铅笔两个图形组合在一起，各自组成新的图形，直观表现出品牌名称含义，具有强烈的视觉冲击力。（图5-5-82、图5-5-83）

3. 打散重构：是指将同一图形经过几次分解，使之形成不同的形状，而后将这些形状用不同的组合方式进行组合，使之形成多种新的图形，产生意想不到的效果。一般有以下几种可能的方法：

● 将元素分开；

● 对另一半重新排列；

● 移动某一部分；

● 放置一个或多个元素；

● 去掉元素的某一部分。

很多符号元素一般都是呈对称结构的，我们可以考虑对这些结构打散重新组合。如下面几种方式，从同一个基本结构中，我们可以产生三种不同的结构，而且出来的效果都不错。

我们可以将一些元素去掉：有时局部的元素比整体显得更有趣，特别是置入一个背景时效果更好。为了出其不意，试一下这种办法。（图5-5-84）

图5-5-81

如图5-5-85所示，简单地将图案的一半切掉，就产生一种日出的图案感。

对某一个细微元素进行剪切，产生另一种有趣的感觉。

有时一个元素不够用，复制其中一部分或整个元素，然后通过层叠或放置，同样可以产生一些耳目一新的图像出来。我们有时可以从多个现成的符号元素中各取一部分，组合成一个新的元素。（图5-5-86、图5-5-87）

图5-5-82

4. 重复：是指相同的基本形元素连续地、有规律地反复排列或空间均等地排列的组织形式。（图5-5-88、图5-5-89）

5. 渐变：是在重复的基础上骨骼进行有规律的变化。（图5-5-90、图5-5-91）

图5-5-83

6. 特异：通过一个或多个完整的形的局部或性质上的变化，产生新的形态和含义。（图5-5-92、图5-5-93）

7. 正负形：在一个正负图形中，一般包括有图案的部分及衬托图案的部分。属于图案的部分一般称为"图"，也叫做"正形"；而衬托图案的部分称为"地"，也就是"负形"。正形与负形互相借用，在一幅图中隐含着两种各自不同的含义，令人有一语双关的的感受。正形和负形互相映衬，相互依存。标志通过利用图底反转和矛盾形态进行新空间的创造，诸如共用线、共用形、叠印填充、错视利用、矛盾空间等，具有多面性、多效果、多意味，增加图形传达新的能量。（图5-5-94~图5-5-97）

8. 添加：通过添加背景或装饰，来美化标志，或增强力量、对比等，取得整个标志形象的和谐统一。

使用简单的背景图形，三种最理想的背景是：圆形（或椭圆）、正方形（或菱形）及六边形。这些图形既简单又对称，容易使观看的视线集中。表现稍欠佳但也可以尝试的图形是：竖直摆放的椭圆、长方形、三角形及多边形（大于六边），这些图形呈现出一种发散的能量感。

　　加上一个充满活力的背景后，往往可以使一个标志增色不少，有些涉及多个细小元素的标志，原本的轮廓可能会显得凌乱，但如果放在一个背景中时，会增加它们的视觉冲击力，也使得该标志最后应用于一些实际物品如名片等办公用品或各种广告时适应性更强（图5-5-98、

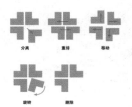

图5-5-84

图5-5-85　　　　　　　　　图5-5-86　　　　　　　　　图5-5-87

图5-5-88　　　　　　　　　图5-5-89　　　　　　　　　图5-5-90

图5-5-91　　　　　　　　　图5-5-92　　　　　　　　　图5-5-93

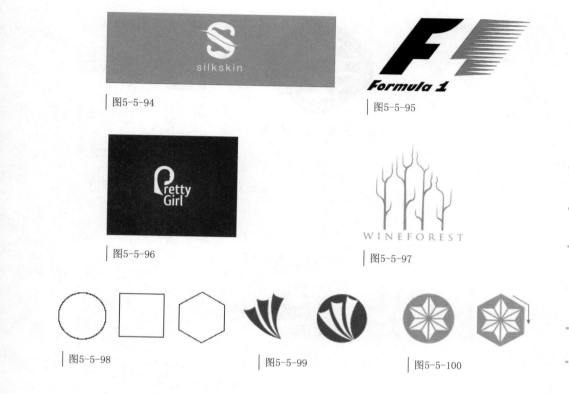

图5-5-94

图5-5-95

图5-5-96

图5-5-97

图5-5-98

图5-5-99

图5-5-100

图5-5-99）。不同的形状背景有不同的视觉效果，在设计时可以尝试使用不同的形状来观看效果。留意图5-5-100所示的标志，里面元素的外角与六角形是互相对应的。

9. 空间透视：改变视角，从空间和多维的角度去表现标志。表现方式主要有形态大小对比、矛盾空间，光影，点线面的聚散、粗细、弯曲，共用形象，色彩叠加等。（图5-5-101～图5-5-106）

（九）各类型标志的设计方法

1. 字体标志

字体标志是指不包含图形，单纯以中英文字母为设计元素的标志。字体标志是使用最广泛的一类标志。很多国际性大公司都在使用这种标志，比如 IBM ，SONY，联想Lenovo等。在服装行业文字标志尤其是英文字母标志使用更为普遍。

和其他标志一样，字体标志也是要代表某种东西。在我们开始设计之前，应该花点时间想清楚标志到底要传达的是什么，对于一家公司或团体来说，它要表现的是什么，一件事物或一个人？是某种产品或是服务？目标顾客是哪些人？如果对这些问题没有清晰的答案，设计师就很容易经不起诱惑而加入很多花哨的图形，而这些图形其实并不是这家公司所实际需要的。你对公司越了解，你走的弯路就会越少。

字体标志设计的法则归纳起来有五个字——"连、换、加、减、反"。

图5-5-101

图5-5-102

图5-5-103

图5-5-104

图5-5-105

图5-5-106

（1）连字法：借助字体笔画的走势将笔画连接设计，以求得整体感。（图5-5-107~图5-5-115）

（2）替换法：将字体笔画的局部用相应的几何形等图形替换。（图5-5-116~图5-5-126）

（3）加图法：在字体笔画上添加相应的有意义的图形。（图5-5-127~图5-5-131）

（4）简化法：利用格式塔法则，省略字体中某些不影响字体识别的笔画的设计法。（图5-5-132~图5-5-135）

（5）反相法：利用反白、粗细对比等方法设计。（图5-5-136~图5-5-141）

2．单字母标志设计表现手法

（1）利用字母内的空间变化造型。（图5-5-142~图5-5-146）

（2）字母添加装饰、造型。（图5-5-147~图5-5-151）

如果设计的是一个首字母缩写的标志，文字的安排相对比较简单，但是还是要记住一条原则：把缩写当成一个单词来设计。

首字母缩写标志一直很流行，但它也有一些限制。其中之一就是一个单独的缩写不能完全表达公司所代表的信息，解决办法就是把公司的完整名称也加到标志中去。

即使是缩写标志，它的形状也是由字体的整体形状来决定的，注意图5-5-152所示的左边的标志中，首字母缩写与公司全称结合形成了一个有力的标志。

一笔勾销

将字符连成一笔，不切口，不断气，会有意想不到的视觉效果。

图5-5-107

中线合一

相邻字符中间的笔画也可以连接起来，相交处的切口会使LOGO看起来没那么突兀。

图5-5-108

中分白线

选择粗笔画的字体，在笔画中间画一条白线。必要时笔画相接的地方要做切口，使字符的原本造型正确地显示出来。

图5-5-109

穿针引线

简单地在一串字符中加一根白线，也可打破呆板的造型。如果你觉得这样赚钱太黑心，那么不要一线穿到头，错位一下，谁知道你没动脑筋呢。

图5-5-110

飘逸的L

L是个很飘逸的字符。如果你不想动手描绘，也可以选一种流线很美的字体直接组成标志。

图5-5-111

错位交叠

几个字符也可以通过错位或交叠，组成一个实体。下面加线条、弧线或文字会使这种错位又显得平稳了。

图5-5-112

环环相扣

将两个字母套交错扣在一起，在相交处切口，看起来像套环的感觉，可以为环中字母设成不同的色彩，感觉非常生动。

图5-5-113

涟漪效果

如果线条集中地在字符的上部或下部，会使人联想到涟漪的水面。

图5-5-114

拉近距离

KOOL
（图一）

KOOL
（图二）

KOOL
（图三）

一些字符有时候看起来很松散（图一）。怎么办？将它们相交（图二），是不是紧凑很多，如果在相交的地方切开，马上就生动起来（图三）。

图5-5-115

共用笔画

相邻的两个字符共用一个笔画或一个笔画中的一部分，会有很好的整体效果。注意：适当的切口很重要，他有一种似离非离的感觉。

图5-5-116

边旁改动

把字符的某个边旁做线条处理或换成另一种颜色，就是一个很好看的标志，没想到吧？

图5-5-117

偷梁换柱

巧妙的将字符的某个笔画换成圆、三角形或你乐意的多边形。

图5-5-118

画i点睛

让i作为龙的眼睛。i上面的一点可以设计的五花八门，只此一点就让这个标志活起来了。试试j，你一样可以获得意想不到的效果。

图5-5-119

图5-5-120

radius

图5-5-121

图5-5-122

情趣图案

将某个笔画换成有意义或有趣的图形，会使整个视觉活跃起来。

图5-5-123

生动的圆

经常见到在一个圆里放上古板的字母构成的标志。其实圆里面的字母简单地做一下错位，或者将字母放在圆的一个切口角上，效果会更生动一些。

图5-5-124

让O生辉

巧妙地利用英文字母O或数字0，马上就可以让死板的文字活跃生辉。

图5-5-125

图5-5-126

添加修饰

如果一个字符实在太单调，在它的边缘加上动感的修饰，看看是不是非常漂亮呢？

图5-5-127

拉长笔画

强行延伸笔画，也是设计师惯用的伎俩。

图5-5-128

人人都会的方框

什么？你只会画方框？还不想改行？迁就你吧。看看我用方框做的标志，照样子做就行了，如果你还会点别的什么，那就加点变化吧。哪怕变变色也好。

图5-5-129

线条平分

在字母上加上一条或数条平分字母的水平线，整个标志会有一种横向运动的感觉。

图5-5-130

飘逸感觉

用一个流线型装饰放在文字标志的上下方或直接穿过文字，营造一种飘逸秀美的感觉。

图5-5-131

大胆截肢

大胆地去掉某段笔画，常识会让视觉自动补齐缺省的笔画。这个本能的补齐和确认的过程会让看者印象深刻。

图5-5-132

图5-5-133

图5-5-134

图5-5-135

同字镜像

如果两个相同的英文字母组合在一起，试着将其中一个作镜像处理。甚至可以部分重叠，使它们看起来不要过于分离。重叠的地方记得做一些小修饰或切口用颜色区分。

图5-5-136

图5-5-137

边旁改动

选择粗实的字体和富于曲线的纤细字体相配，刚柔结合，给人一种自然和谐的美感。

图5-5-138

图5-5-139

图5-5-140

图5-5-141

图5-5-142 　　　图5-5-143　　　图5-5-144 　　　图5-5-145　　　图5-5-146

图5-5-147 　　　图5-5-148 　　　图5-5-149 　　　图5-5-150 　　　图5-5-151 　　　图5-5-152

3. 连体字标志设计表现方法

（1）直接表述。（图5-5-153、图5-5-154）

（2）附加图形。（图5-5-155、图5-5-156）

（3）局部突出，形成视觉焦点。（图5-5-157、图5-5-158）

（4）图式化处理。（图5-5-159~图5-5-161）

4. 图文结合标志设计

图形和文字虽然是截然不同的元素，但它们是一个硬币的两面，用得好可以相得益彰，下面我们看看怎样组合它们。

在电脑时代，现在有数以千计的专业绘画插图或图形元素供人们挑选下载或购买，而且价格低廉。字体设计曾经是非常艺术化的事情，但现在一些公司也会免费提供字体，也使得字体的地位不再高高在上。

让我们尝试把图形和文字这两样东西结合起来。通常我们是将图形和文字分开使用，这里放图形，那里放文字，实际上，把它们结合起来效果更好。这意味我们要将图形和文字相互遮

图5-5-153　　　　　　　图5-5-154　　　　　　　图5-5-155

图5-5-156

图5-5-157　　　　　　　图5-5-158　　　　　　　图5-5-159

图5-5-160　　　　　　　　　　　　图5-5-161

盖、并列，或是粘连、交织在一起。这样可以让它们的特点相互映衬，成为一个整体，这比把它们生硬地摆在一起要好得多。

最容易得到而且很实用的图形来自于图案字符（Dingbats），比如圆点、箭头、星形、圆环等。最普通的特殊字符集是 Zapf 字符集，一般激光打印机都会内置这些标准字符。（图5-5-162）

（1）相互遮盖

单独字符和图形可以紧密地组合成很好的标志。让字母和图形不断地接近、接近、再接近直到相互遮盖住，一个简单又有艺术感的标志就完成了。

如图5-5-163所示的标志，注意鱼是朝向公司名字的，这是两者联系的关键，如果鱼看上去是游走了，那么顾客也会跟着它走开了。

（2）两者并列

①大图形，小文字。突出图形而使文字保持低调会产生一种比较权威的感觉，大公司更喜欢这种表现方式。（图5-5-164）

②大文字，小图形。有时候一个简单的图形就可以体现"你是谁"和"这家伙到底是干什么的"。图5-5-165所示的这个例子中，只是用铅笔图形替代原来的撇号就可以清晰地体现公司的文具主题。可以尝试用图形去替代标点符号或是某个字母。

图5-5-162

注意这个标志中的主题颜色是黄色和金色，两种颜色很接近，还有红色和紫红色、绿色和浅绿色，这些颜色在一起都显得比较和谐，更重要的是看起来像是一个整体。还有一点，就是学会运用大小写的对比。图中比较大的

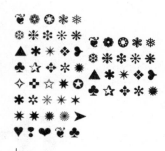

图5-5-163

菱形的结构形成了不稳定的紧张感。也使标志显得更有张力，所以当你处理各种图形时，可以尝试用旋转、反转、扭曲等手法来处理元素，你会惊喜地发现，只通过简单的调整，就会使标志产生一种独有的活力。

图5-5-164

图5-5-165

主体部分——fifi's——是用小写字母，而下面小字——STATIONERS——则用大写，这样就产生了一种意想不到的对比效果。你可以试着将大的文字处理得比较淡，而将小文字处理得更醒目。

（3）相互粘连

像三明治那样层叠地将单独的字母盖在图形上可以创造出很漂亮的缩写标志，设计起来易如反掌。

当组合字母和图形的时候，要注意两者的明暗关系。比如图5-5-166所示的第一个标志中，字母E含在纹饰图案中几乎看不清，可以在字母后面加上深色的背景，让字母更突出，如果不加背景，减淡纹饰图案的颜色可以达到同样的效果。

5. 使用重复的图形

一个图形可以重复多次使用，试试对每个字符或是单词都使用相同的形状，就像图5-5-167所示的标志一样。

（十）标志设计实例

下面我们将以"法涵诗"服装品牌（Firs collection）为例设计一个文字标志，其中的一些原理可以应用在所有文字类型的标志设计中。

"法涵诗"服装品牌简介：以女装为主，定位为中高档，以女性白领为目标消费群。原创设计师品牌，时尚、典雅，简洁大气中蕴含着法式风韵。

设计步骤如下：

（1）选择一种字体

在一个文字标志中，字体是关键。你首先需要从很多种字体中选择一种，这里有一些原则可以参考：

当公司名称使用了某种字体时，其文字实际上传达了表面的和隐含的两种信息。在这个例

图5-5-166

图5-5-167

子中，表面的信息是"法涵诗"服装品牌，而隐含的信息则是它给人的印象或感觉。我们的任务就是要找出这两种信息的互动关系。

我们来试一种字体：图5-5-168所示的这种字体，采用的是arial black字体，属于笔画线条一样粗细的字体，风格硬朗，对于公众来说，可能被误认为是男装产品。

我们来试一下另一种字体：图5-5-169所示的这种装饰性强的字体传达出一种信息：该品牌服装产品为装饰感强、奢华、浪漫的复古风格。如果我们采用这种字体，会和该品牌的产品风格定位不符。

选择字体最好的方式就是用你字体库里的字体多试一下，看看效果，一些花哨的字体可能会比较吸引人，不过你还是应该更侧重于比较平实的字体，为什么呢？因为这些字体更醒目有力。

让我们继续原来的例子，下面我们选用一种类似印刷模具的字体"stencil std"，并把FIRS字体放大，collection字体缩小放置。

这样看起来比较醒目，更符合"法涵诗"公司女装简洁、典雅、大气又蕴含深厚的法式风韵的设计风格。（图5-5-170）

还有一点要注意，有时单行文字并不能充分表现标志的含义，那我们可以通过分行放置，使信息传递更清晰。（图5-5-171）

FIRS COLLECTION

图5-5-168

FIRS COLLECTION

图5-5-169

FIRS
COLLECTION

图5-5-170

FIRS
COLLECTION

图5-5-171

（2）文字的对齐方式

我们对 FIRS这个词使用stencil std字体，如果紧缩字距，该字体字符间很挤，传达了一种工业化的味道，就不能很好地表达出服装精致的品质。（图5-5-172）

我们要注意文字之间的相互关系，一般来说增加字符间距可以产生一种奢华的感觉。我们希望它们看起来像一个整体，这个例子中，我们可以利用工具软件中强制调整间距的功能使两个词的两端对齐。可以选择不同的字体使标志产生对比，通过增加两个词字体大小的差别，能够使这种对比更加突出。不过为了左右对齐，下面的那个词的字符间距要拉大一点。（图5-5-173）

（3）添加背景区域

首先，我们来看看这些文字的整体的形状（试着以不同的角度来观察）；然后在它们周围画上适当形状的边框，用合适的颜色填充，不管是对单个词还是多个词的标志都是可以的。下面我们看看两种不同的方法：

图5-5-174中，这种整齐的形状可以使标志更突出，配合字体整体形状的背景，也使得标志的结构得到进一步加强。

背景还可以起到强调的作用，比如图5-5-175只是在标志的一部分添加背景，可以使这部分从其余的部分中凸现出来。注意：加了背景区域之后，其他的文字要与背景两端对齐，而不是与文字对齐。

经过以上几个简单步骤，一个服装品牌字体标志设计就基本完成了。

图5-5-172　　　　　图5-5-173　　　　　图5-5-174　　　　　　　图5-5-175

针对字体标志设计我们还可以添加对齐边线。边线可以使标志显得更时尚、更漂亮，因为边线可以突出标志的结构，使公司的名字更引人注目，当然有时候仅仅只是为了装饰标志。

（1）边线一般与文字形状的边缘形成某种对齐，这样做不仅仅是为了整洁，同时也使标志成为一个更醒目的整体。（图5-5-176）

形成特别的形状
因为文字的组合决定了整体标志的形状，所以我们可以尝试用一些特别的方法来安排公司名称，如将字母依次变化，或将名称沿圆弧线安排.

背景区域留空
左边两个标志的背景区域都没有填充颜色。如果你选择了这种"开放式"效果，那就尝试一下用不同的线条来设计区域边框。

利用激光打印机内置字体来设计标志
你并不需要下载或购买一大堆字体来设计标志，左边这两个文字标是利用标准的激光打印机字体来设计的。这些字体尽管有一个缺点，那就是粗体时并不是很粗，解决办法：利用不同的字体或大小来形成对比。

强调公司的产品或服务
无论是线段还是背景区域元素，都具有强烈的指示使用，利用它们来强调公司名称的某一部分，以此突出其产品或服务，使得人们在观看时首先会注意到其强调部分。

图5-5-176

（2）修饰背景区域。如果外形轮廓不够时尚或是太简单了，可以在背景区域添加其他修饰。比如我们在图5-5-177所示的标志的两端加入半圆形，同时用小图案来装饰四个角。

图5-5-177中，Dant'es标志的字体比较柔顺，同时椭圆轮廓也显得比较自由，在两端增加装饰线可以使标志看上去更严谨，你可以试试不同粗细的线条。

图5-5-177

二、服装品牌VI手册设计

服装品牌VI手册设计包括视觉基本要素设计和视觉应用要素设计两部分内容。

（一）视觉基本要素设计

VI视觉基本要素包括：标志、企业标准字、专用字体、企业标准色、辅助图形、基本要素的组合方式。

1. 企业标志

可分为企业自身的标志和商品标志。（图5-5-178）

企业标志设计作业流程：

（1）调查企业经营实态，分析企业视觉设计现状。其具体包括如下现状：

●企业的理念精神内涵与企业的总体发展规划。

●企业的营运范围、商品特性、服务性质等。

●企业的行销现状与市场占有率。

●企业的知名度与美誉度。

●企业经营者对整个形象战略及视觉识别风格的期望。

●企业相关竞争者和本行业特点的现状等。

（2）确立明确的设计概念。

（3）确定具体的设计表现。

（4）标志作业的缜密化：

①标志细部的缜密化。

②标志形态的数值化：方格法；比例尺寸标志法；圆弧角度标志法。

③标志形态的多样化：

●线条粗细的变化；

●正负形的变化；

●彩色与黑白的变化；

●各种点、线、面的变化（如空心体、网纹、点成面、线成面等）；

●对应不同媒体的形态变更；

●缩小或放大形态的变化。

2．企业标准字

企业标准字是指将企业名称、企业商标名称略称、活动主题、广告语等进行整体组合而成的字体。（图5-5-179）

（1）企业标准字种类

●企业名称标准字。

●产品或商标名称标准字。

●标志字体。

●广告性活动标准字。

（2）标准字制图法

标准字制图常用两种方法：

●方格表示法。

●直接标志法。

3．专用字体

常用于部门名称、设施名称、分支机构名称及其地址、广告内容、正式文书等。

设计选择专用字体应注意的事项：

●调查整理专用字体的使用范围、使用目的、使用状况等。

●选用指定字体，应考虑同标志和标准字体等基本要素的风格相协调。

●所选字体的种类及文字的组合形态、方法应有一定的规律，并形成具有可读性的、再现性的、识别性的文字系统。

4．企业标准色

企业标准色，是指企业通过色彩的视知觉传达，设定反映企业独特的精神理念、组织机图构、营运内容、市场营销与风格面貌的状态的色彩。（图5-5-180）

标准色的开发设定：

（1）调查分析阶段

●企业现有标准色的使用情况分析。

●公众对企业现有标准色的认识形象分析。

●竞争企业标准色的使用情况分析。

●公众对竞争企业标准色的认识形象分析。

●企业性质与标准色的关系分析。

●市场对企业标准色的期望分析。

●宗教、民族、区域习惯等忌讳色彩分析。

（2）概念设定阶段

积极的、健康的、温暖的等（如红色）；

和谐的、温情的、任性的等（如橙色）；

明快的、希望的、轻薄的等（如黄色）；

成长的、和平的、清新的等（如绿色）；

诚信的、理智的、消极的等（如蓝色）；

高贵的、细腻的、神秘的等（如紫色）；

厚重的、古典的、恐怖的等（如黑色）；

洁净的、神圣的、苍白的等（如白色）；

平凡的、谦和的、中性的等（如灰色）。

（3）色彩形象阶段

通过对企业形象概念及相对应的色彩概念和关键语的设定，进一步确立相应的色彩形象表现系统。

（4）模拟测试阶段

●色彩具体物的联想、抽象感情的联想及嗜好等心理性调查。

●色彩视知觉、记忆度、注目性等生理性的效果测试。

●色彩在实施制作过程中，对技术、材质、经济等因素的分析评估。

（5）色彩管理阶段

本阶段主要是对企业标准色的使用作出数值化的规范，如表色符号、印刷色数值。

5．辅助图形

辅助图形是企业识别系统中的辅助性视觉要素，它包括企业造型、象征图形等方面的设计。（图5-5-181）

（1）企业造型（又称之为商业角色或吉祥物、商业标志画）的设计与应用

企业造型是为了强化突出企业或产品的性格特征而设计的漫画式人物、动物、植物、风景或其他非生命物等，并以之作为企业的具体象征。

企业造型的应用：

●二维媒体，如印刷品等。

●三维媒体，如影视媒体等。

●户外广告和POP广告等，如路牌、车体等。

●企业公关物品和商品包装，如赠品等。

（2）企业象征图形的设计构成

象征图形不是纯装饰的图案，而是企业基本视觉要素的拓展联系。

企业象征图形的设计题材：

●以企业标志的造型为开发母体。

●以企业标志或企业理念的意义为开发母体。

6．企业视觉识别基本要素的组合方式

根据具体媒体的规格与排列方向而设计的横排、竖排、大小、方向等不同形式的组合方式。（图5-5-182）

基本要素组合的内容：

●使目标从其背景或周围要素中脱离出来而设定的空间最小规定值。

●企业标志同其他要素之间的比例尺寸、间距方向、位置关系等。

标志同其他要素的组合方式，常有以下形式：

●标志同企业中文名称或略称的组合；

●标志同品牌名称的组合；

●标志同企业英文名称全称或略称的组合；

●标志同企业名称或品牌名称及企业造型的组合；

●标志同企业名称或品牌名称及企业宣传口号、广告语等的组合；

●标志同企业名称及地址、电话号码等资讯的组合。

禁止组合规范（图5-5-183）：

●在规范的组合上增加其他造型符号。

●规范组合中的基本要素的大小、广告、色彩、位置等发生变换。

●基本要素被进行规范以外的外理，如标志加框、立体化、网线化等。

●规范组合被进行字距、字体变形、压扁、斜向等改变。

（二）视觉应用要素设计

1．应用要素项目的现状调查

对现有应用要素的项目收集，主要集中于以下项目内容：

●事务用品类，如名片、各式文书等。

●广告促销类，如小手册、电视广告、公告资料等。

●标志招牌类，如旗帜、各类导引标志等。

●运输工具类，如运输卡车、拖车等。

●商品包装类，如商标、包装纸等。

●员工制服类，如徽章、工作服等。

●建筑环境类，如外观、办公室等。

●展示典礼等，如纪念活动、展示环境、专卖店等。

2．应用要素设计开发策略的确定

对于某个企业形象中的具体应用要素设计项目而言，在开发设计之前，应对其客观的限制条件和依据作出必要的确定，避免设计项目虽然很美但不能使用的问题。

（1）项目的功能需要

主要是指完成设计项目成品所必需的基本条件，如形状、尺寸规格、材质、色彩、制作方式和用途等。

（2）项目使用的法律性限制

如信封的规格、招牌指示等环境要素的法规条例。

（3）行业性质的需要

主要是指企业所在的行业中，一些约定俗成的规定或需要，如事务性用品中的单据、包装类的规定等。

3. 具体应用设计项目的展开

（1）事务用品类（图5-5-184）

其项目细则包括：

● 名片

● 信纸

● 信封

● 便笺

● 各型公文袋

● 资料袋

● 薪金袋

● 卷宗袋

● 合同书

● 报价单

● 各类表单和账票

● 各类证卡（如邀请卡、生日卡、圣诞卡、贺卡）

● 年历、月历、日历

● 工商日记

● 奖状、奖牌

● 茶具

● 办公设施等用具（如纸镇、笔架、圆珠笔、铅笔、雨具架、订书机、传真机等）

事务用品类的主要设计构成要素：

● 企业标志

● 企业名称（全称或略称）

● 标准字

● 标准色彩

● 企业造型

● 象征图形

● 企业地址、电话、电报、电传、电子邮件信箱、邮政编码

● 企业标语口号

● 营运内容

● 事务用品名称（如"请柬"、"合同书"）

● 图形、文字、构图

● 肌理、制作工艺等

VI 识别手册

标志释意

A01　标识主图形为一个带着海盗帽子的少女形象，突出了"海盗"的概念，
与产品形成密切关联。通过人物动态及道具的设计，塑造出一个野性
华丽的"女海盗"形象，给人热力、张扬的印象，赋予品牌青春活力
的特性。标识图形处理成剪影，通过简洁明快的视觉传达品牌信息。

标识标准图形

VI 识别手册

标志标准制图

A02　为了保证在以后的推广应用中标志构图的准确性，在此设定标志的标
准制图以供校正。标志的一切制作及应用必须严格按照坐标所规定的
比例规范进行。为了尽可能地防止品牌形象力的消减，绝对禁止徒手
绘制，应根据需要，通过对标准制图稿按比例放大或缩小，进行制作。

8mm　标志最小使用尺寸

24A

18 A

基础系统 │ Basic system

基础系统 │ Basic system

图5-5-178

VI 识 别 手 册

标 准 字 体

A03　品牌名称标准字体，是专门为品牌设计的特殊字体，表达独特的品牌形象特点，不可随便使用其它字体替换。贝贝帕克的中英文专用字体根据服装产品行业的特点，再结合品牌自身的独特定位来设计，形式圆润大方，传递品牌的忠实、亲切、可信赖感。

標准中文字体

说明：
标准中文字体由圆体字变形而来，圆润的笔画种甜和连笔处理，形成品牌独特的字体形象识别。

BLACK PEARL

标准英文字体

说明：
标准英文字体由 Roman 字变形而来，圆润温和的笔画赋予品牌温馨而厚重的形象，增强信任感。

基础系统 | Basic system

VI 识 别 手 册

字体标准制图

A04　为了保证在以后的推广应用中标识构图的准确性，在此设定标识的标准制图以供校正。标识的一切制作及应用必须严格按照据标所提定的比例规范进行，为了尽可能地防止品牌形象力的消减，绝对禁止徒手绘制，应根据需要，通过对标准制图就按比例放大或缩小，进行制作。

28 A

8A　黑珍珠

中文字体标准制图

26 A

3A　BLACK PEARL

英文字体标准制图

基础系统 | Basic system

VI 识 别 字 体

中英文印刷专用字体

A12　中文标准字体，可分为：标准字应用于企业名称，黑体用于标题，中等线体用于内文，楷体用于说明文字。
英文标准字体，可分为：标准字应用于企业名称，Arial Black 用于文章标题，Arial用于文章正文及说明文字。

黑珍珠时装有限公司　　标准字

黑珍珠时装有限公司　　黑体

黑珍珠时装有限公司　　中等线

黑珍珠时装有限公司　　楷体

BLACK PEARL Fashion Co.,LTD　　标准字

BLACK PEARL Fashion Co., LTD　　Arial Black

BLACK PEARL Fashion Co., LTD　　Arial

基础系统 | Basic system

图5-5-179

标 准 色 彩

A05　标准色是企业制定的某一特定的颜色或色彩系统。运用在所有的视觉传达设计的媒体上，透过色彩具有的视觉刺激与心理反应，突出企业的经营理念或服务内容的特质体作用。在以后的运用中，会按实际情况的不同运用不同的配色，但必须按手册中的规定严格执行。

色彩名称：　咖啡

C50 M70 Y100 K60　PANTONE S318-1 CVS

色彩名称：　暖灰

C10 M15 Y20 K0　PANTONE S38-9 CVS

色彩名称：　亮黄

C0 M20 Y100 K0　PANTONE S5-1 CVS

色彩名称：　淡黄

C0 M5 Y20 K0　PANTONE S18-8 CVS

色彩名称：　金

C0 M20 Y60 K20　PANTONE S20-5 CVS

色彩名称：　银灰

C0 M0 Y0 K15　PANTONE S325-8 CVS

(标准色彩)

说明：
本套色彩为 BLACK PEARL 的标准色，保证品牌视觉形象对内、对外传播的一致性，是品牌官方形象最根本的规范之一，也是传达给受众最恒久的色彩印象。

VI 识 别 手 册

辅 助 色 彩

A09　辅助色是品牌制定的某一特定的颜色或色彩系统。用于与主色系的配合，运用在相关产品包装、展示等方面，丰富视觉效果。在以后的运用中，会按实际情况的不同运用不同的配色，但必须按手册中的规定严格执行。

C0 M0 Y20 K0　PANTONE S1-8 CVS

C10 M10 Y20 K0　PANTONE S7-9 CVS

C10 M0 Y10 K0　PANTONE S278-9 CVS

C10 M0 Y20 K10　PANTONE S296-8 CVS

C10 M0 Y0 K0　PANTONE S221-9 CVS

C10 M0 Y0 K20　PANTONE S333-5 CVS

C0 M10 Y10 K0　PANTONE S60-9 CVS

C10 M20 Y10 K0　PANTONE S118-8 CVS

辅 助 色 彩：浅 色 系

说明：

本套色彩为 BLACK PEARL 的浅色系辅助色

VI 识别手册

辅 助 色 彩

A10　辅助色是品牌制定的第一特定的颜色或色彩系统，用于与主色系的配合。这用在相关产品包装、展示等方面，丰富视觉效果。在以后的运用中，会按实际情况的不同运用不同的配色，但必须按手册中的规定严格执行。

C0 M0 Y100 K0　PANTONE S1-3 CVS　　C30 M0 Y100 K0　PANTONE S302-2 CVS

C0 M60 Y100 K0　PANTONE S36-1 CVS　　C87 M47 Y89 K12　PANTONE S273-1 CVS

C20 M80 Y0 K20　PANTONE S158-4 CVS　　C80 M0 Y40 K0　PANTONE S254-2 CVS

C0 M100 Y0 K0　PANTONE S148-1 CVS　　C100 M60 Y0 K30　PANTONE S199-2 CVS

C0 M100 Y100 K10　PANTONE S74-1 CVS　　C40 M0 Y0 K100　PANTONE S327-1 CVS

辅助色彩：纯色系

说明：
本备色彩为 BLACK PEARL 的纯色系辅助色。

基础系统 | Basic system

图5-5-180

VI 识别手册

辅 助 图 形

A08　辅助图形是标志的一种延伸设计，一般在办公事务系统和广告宣传系统中被大量使用。辅助图形的色彩运用范围涵盖标准色和辅助色，以辅助图形的基本型为基础可以组合多种图案，分别用于不同场合，也可局部运用。

辅助图形

● 辅助图形用于产品包装、延场展示背景及相关视觉性场场合，对主标识图形起到辅托与丰富的作用。

辅助色带

● 辅助色带用于品牌包装展示、广告级面及建筑细节装饰等方面。

基础系统 | Basic system

图5-5-181

VI识别手册

标志与中英文字体的组合规范

A06　标志与品牌名称的组合是视觉识别的核心。品牌在宣传推广中会大量涉及标志与品牌名称的组合运用，故设定以下多种组合形式。品牌在一切运用中一定要严格按照设计的标准组合来搭配，不得自行组织文字与标志，以保证品牌标志应用的严肃性。

英文横式组合(一)

● 使用时请严格遵守格式规范，应从手册所附光盘中选取标准组合。

基础系统 | Basic system

VI识别手册

标志与中英文字体的组合规范

A07　标志与品牌名称的组合是视觉识别的核心。品牌在宣传推广中会大量涉及标志与品牌名称的组合运用，故设定以下多种组合形式。品牌在一切运用中一定要严格按照设计的标准组合来搭配，不得自行组织文字与标志，以保证品牌标志应用的严肃性。

中文横式组合

● 使用时请严格遵守格式规范，应从手册所附光盘中选取标准组合。

基础系统 | Basic system

VI识别手册

标志与中英文字体的组合规范

A07　标志与品牌名称的组合是视觉识别的核心。品牌在宣传推广中会大量涉及标志与品牌名称的组合运用，故设定以下多种组合形式。品牌在一切运用中一定要严格按照设计的标准组合来搭配，不得自行组织文字与标志，以保证品牌标志应用的严肃性。

英文横式组合(二)

● 使用时请严格遵守格式规范，应从手册所附光盘中选取标准组合。

基础系统 | Basic system

VI识别手册

标志与中英文字体的组合规范

A07　标识与品牌名称的组合是视觉识别的核心。品牌在宣传推广中会大量涉及标识与品牌名称的组合运用，故设定以下多种组合形式。品牌在一切运用中一定要严格按照设计的标准组合来搭配，不得自行组织文字与标识，以保证品牌标识应用的严肃性。

中英文横式组合

● 使用时请严格遵守格式规范，应从手册所附光盘中选取标准组合。

基础系统 | Basic system

图5-5-182

标志禁用组合

A13　标识组合在各种媒体中的使用中，为防止企业形象由于一些不当或错误的组合形式出现，破坏统一的企业形象，造成受众对企业产生认识上的偏差或混乱，削弱其应用效力。因此，禁止任意改变标识组合规范的行为。

不可将标识标准色滥用或转用其他颜色　禁用组合

在组合中不可随意缩放标准图形的比例或改变位置　禁用组合

不可使用形相滚的字体　禁用组合

不可使用所规定的装饰线组成底板　禁用组合

基础系统　Basic system

图5-5-183

办公纸品类

B03　办公类纸品是企业直接传递外在感观的窗口，是日常行为不可缺少的用品，采用统一的设计制作，避免出现错误和混杂的形象运用，以统一的形象体现企业有条不紊的现代化管理。

国际信封

● 信封字体、字号、位置请严格按照规范制作
规格：5号、7号
材质：120克双胶纸

5号信封 尺寸：220X110mm

7号信封 尺寸：229X162mm

应用系统　Application system

办公纸品类

B01　办公类纸品是企业直接传递外在感观的窗口，是日常行为不可缺少的用品，采用统一的设计制作，避免出现错误和混杂的形象运用，以统一的形象体现企业有条不紊的现代化管理。

名片规范1

● 名片字体、字号、位置请严格按照规范制作
尺寸：90X50mm　材质：250克荷古纸
色彩：

90mm

47.5mm

2.5mm

（正面）中文名片

（反面）英文名片

应用系统　Application system

办公纸品类

B04　办公类纸品是企业直接传递外在感观的窗口，是日常行为不可缺少的用品，采用统一的设计制作，避免出现错误和混杂的形象运用，以统一的形象体现企业有条不紊的现代化管理。

信纸、便签纸规范

● 纸用字体、字号、位置请严格按照规范制作
材质：80克双胶纸

便签纸 尺寸：150 X 200 mm

信纸 尺寸：210 X 297 mm

应用系统　Application system

VI 识别手册

办公纸品类

B05　办公纸品类是企业直接传递外在感观的窗口，是日常行为不可缺少的用品，采用统一的设计制作，避免出现错误和混杂的形象运用，以统一的形象体现企业有条不紊的现代化管理。

传真纸规范

● 所用字体、字号、位置请严格按照规范制作
　　材质：80克双胶纸

信纸 尺寸：210 X 297 mm

应用系统 | Application system

VI 识别手册

办公纸品类

B06　办公纸品是企业直接传递外在感观的窗口，是日常行为不可缺少的用品，采用统一的设计制作，避免出现错误和混杂的形象运用，以统一的形象体现企业有条不紊的现代化管理。

工作手册规范

● 所用字体、字号、位置请严格按照规范制作
　　材质：封面皮革装帧，内页80克双胶纸
　　尺寸：190 X 150 mm

封皮

内页

应用系统 | Application system

VI 识别手册

办公纸品类

B07　办公纸品类是企业直接传递外在感观的窗口，是日常行为不可缺少的用品，采用统一的设计制作，避免出现错误和混杂的形象运用，以统一的形象体现企业有条不紊的现代化管理。

文件袋规范

● 所用字体、字号、位置请严格按照规范制作
　　材质：150克双胶纸/牛皮纸

文件袋 尺寸：229 X 324 X 30 mm

应用系统 | Application system

VI 识别手册

办公纸品类

B08　办公纸品是企业直接传递外在感观的窗口，是日常行为不可缺少的用品，采用统一的设计制作，避免出现错误和混杂的形象运用，以统一的形象体现企业有条不紊的现代化管理。

文件夹规范

● 所用字体、字号、位置请严格按照规范制作
　　材质：300克铜版纸
　　尺寸：230 X 310 mm

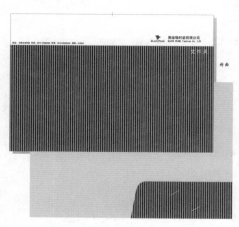
封面

内页

应用系统 | Application system

图5-5-184

（2）包装产品类（图5-5-185）

包装产品类项目细则：

● 外包装箱（大、中、小）

● 包装盒（大、中、小）

● 包装纸（单色、双色、特别色）

● 包装袋（纸、塑料、布、皮等材料）

● 专用包装（是指特定的礼品用、活动事件用、宣传用的包装）

● 容器包装（如瓶、罐、塑料、金属、树脂等材质）

● 手提袋（大、中、小）

● 封口胶带（宽、窄）

● 包装贴纸（大、中、小）

● 包装封缄（大、中、小）

● 包装用绳

● 产品外观

● 产品商标表示

● 产品吊牌、合格证

● 产品铭牌等

包装产品类主要设计构成要素：

● 包装形式：单件设计、成套设计、组合设计、组装设计等

● 企业署名（标志、标准字体、标准色、企业造型、象征图形等）

● 产品图形（摄影、插图等）

● 文字（使用说明、质量保证等）

● 材质（纸、塑料、金属、布、皮等）

● 结构

● 制作工艺等

（3）旗帜规划类（图5-5-186）

主要项目细则：

● 公司旗帜（标志旗帜、名称旗帜、企业造型旗帜）

● 纪念旗帜

● 横式挂旗

● 奖励旗

● 促销用旗

● 庆典旗帜

● 主题式旗帜等

其中各类吊挂式旗帜多用于渲染环境气氛，并与不同内容的公司旗帜一起，形成强烈的形

象识别的效果。

旗帜规划类主要设计构成要素：

● 企业标志

● 企业名称略称

● 标准色

● 企业造型

● 广告语

● 品牌名称

● 商标

● 旗帜造型

● 材质（纸、布、金属等）

（4）员工制服类（图5-5-187）

主要项目细则：

● 男女主管职员制服（二季）

● 男女行政职员制服（二季）

● 男女服务职员制服（二季）

● 男女生产职员制服（二季）

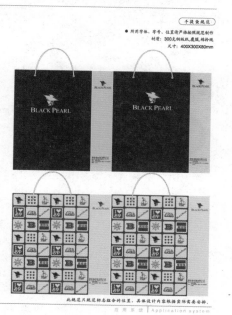

VI 识别手册

商品包装类

B36 商品的包装在销售终端无疑是最为重要的，根据商品规格来进行统一规范，清晰明了的视觉系统起到清晰无误的指导作用，商品包装规范化管理，给顾客以明确的信息指示，体现服务形象正规化与统一化。

PVC包装规范

● 所用字体、字号、位置请严格按照规范制作
材质：300克铜版纸，覆膜

此规范只规范标志组合的位置，具体设计内容根据实际需要安排。

应用系统 | Application system

VI 识别手册

商品包装类

B37 商品的包装在销售终端无疑是最为重要的，根据商品规格来进行统一规范，清晰明了的视觉系统起到清晰无误的指导作用，商品包装规范化管理，给顾客以明确的信息指示，体现服务形象正规化与统一化。

水洗唛规范

● 所用字体、字号、位置请严格按照规范制作
材质：300克铜版纸，覆膜

此规范只规范标志组合的位置，具体设计内容根据实际需要安排。

应用系统 | Application system

VI 识别手册

商品包装类

B38 商品的包装在销售终端无疑是最为重要的，根据商品规格来进行统一规范，清晰明了的视觉系统起到清晰无误的指导作用，商品包装规范化管理，给顾客以明确的信息指示，体现服务形象正规化与统一化。

合格证/挂唛规范

● 所用字体、字号、位置请严格按照规范制作
材质：300克铜版纸，覆膜

此规范只规范标志组合的位置，具体设计内容根据实际需要安排。

图5-5-185

左侧版面

VI 识别手册

公关事务系统

B.17　公关事务是企业日常对外开展业务不可缺少的用品。采用统一的设计制作，避免出现错误和混杂的形象运用，以统一的形象体现企业有条不紊的现代化管理，也是工作效率的保障。

司旗规范

● 所用字体、字号、位置请严格按照规范制作
建议材质：漆绘宣丽绸　丝网印刷
尺寸：1920 X 1280 mm

司旗体现公司精神面貌，此规范在实际运用中请严格执行。

应用系统 | Application system

图5-5-186

右侧版面

VI 识别手册

公关事务系统

B.18　公关事务是企业日常对外开展业务不可缺少的用品。采用统一的设计制作，避免出现错误和混杂的形象运用，以统一的形象体现企业有条不紊的现代化管理，也是工作效率的保障。

桌旗规范

● 所用字体、字号、位置请严格按照规范制作
建议材质：漆绘　丝网印刷
尺寸：192 X 128 mm

桌旗体现公司精神面貌，此规范在实际运用中请严格执行。

应用系统 | Application system

VI 识别手册

员工形象类

B11 企业员工服饰是应用于工作中员工的着装，通过统一的着装反映企业的规范化管理，达到企业亲和力的传播；通过员工统一的着装形象规范，又可体现企业团队精神，加强内部凝聚力。

管理人员服装应用规范

● 服装色彩请严格按照规范制作
尺码：根据个人身材定制

管理人员服装 秋冬装

管理人员徽章

此规范只规范标志组合的位置，具体设计内容根据实际需要安排。

应用系统 | Application system

VI 识别手册

员工形象类

B12 企业员工服饰是应用于工作中员工的着装，通过统一的着装反映企业的规范化管理，达到企业亲和力的传播；通过员工统一的着装形象规范，又可体现企业团队精神，加强内部凝聚力。

● 服装色彩请严格按照规范制作
尺码：根据个人身材定制

管理人员服装 春夏装

工号 No.012

员工工号徽章

此规范只规范标志组合的位置，具体设计内容根据实际需要安排。

应用系统 | Application system

VI 识别手册

员工形象类

B13 企业员工服饰是应用于工作中员工的着装，通过统一的着装反映企业的规范化管理，达到企业亲和力的传播；通过员工统一的着装形象规范，又可体现企业团队精神，加强内部凝聚力。

店员服装应用规范

● 服装色彩请严格按照规范制作
尺码：根据个人身材定制

店面销售人员服装

VI 识别手册

员工形象类

B14 企业员工服饰是应用于工作中员工的着装，通过统一的着装反映企业的规范化管理，达到企业亲和力的传播；通过员工统一的着装形象规范，又可体现企业团队精神，加强内部凝聚力。

工人服装应用规范

● 服装色彩请严格按照规范制作
尺码：根据个人身材定制

工人制服

图5-5-187

此规范只规范标志组合的位置，具体设计内容根据实际需要安排。

应用系统 | Application system

此规范只规范标志组合的位置，具体设计内容根据实际需要安排。

应用系统 | Application system

●男女店面职员制服（二季）

●男女展示职员制服（二季）

●男女工务职员制服（二季）

●男女警卫职员制服（二季）

●男女清洁职员制服（二季）

●男女后勤职员制服（二季）

●男女运动服（二季）

●男女运动夹克（二季）

●运动帽、鞋、袜、手套

●领带、领带夹、领巾、皮带、衣扣

●安全帽、工作帽、毛巾、雨具

员工制服类主要设计构成要素：

●企业基本视觉要素的运用，如企业标志、企业名称、标准色、广告语等

●制服的内外造型（外观形态、内部款式等）

●面料（如朴素自然的棉麻布料，庄重挺拔的毛料，华丽高雅的丝绸缎料等）

●不同岗位性质的制服色彩

●专制的衣扣、领带、领带夹、拉链、皮带等服饰配件

（5）媒体标志风格类

主要项目细则：

●电视广告商标标志风格

●报纸广告商标标志风格

●杂志广告商标标志风格

●人事招告商标标志风格

●企业简介商标标志风格

●广告简介、说明书商标标志风格

●促销POP、DM广告商标标志风格

●海报商标标志风格

●营业用卡（回函）商标标志风格

（6）媒体广告类（图5-5-188）

主要项目细则：

●导入CI各阶级对内对外广告

●企业简介、产品目录、企业画册

●电视CF、报纸、海报、杂志广告

●直邮DM广告、POP促销广告

●通知单、征订单、明信片、优惠券等印刷物

VI 识别手册

广告宣传系统

B20　广告宣传是企业利用各种大众媒介或特殊媒介向目标受众发布信息的重要手段，是企业自身形象的重要表现。在设计表现中应把握媒介特点，以及与周围环境配合，生动合理地传达信息，增强品牌的识别性，以达到与受众的有效沟通。

户外广告牌应用规范

● 所用字体、字号、位置请参照规范制作
工艺：户外灯箱布　喷绘
尺寸：根据具体需要而定

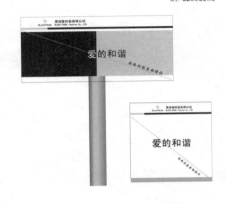

此规范只规范标志组合的位置，具体设计内容根据实际需要安排。

应 用 系 统　Application system

VI 识别手册

广告宣传系统

B21　广告宣传是企业利用各种大众媒介或特殊媒介向目标受众发布信息的重要手段，是企业自身形象的重要表现。在设计表现中应把握媒介特点，以及与周围环境配合，生动合理地传达信息，增强品牌的识别性，以达到与受众的有效沟通。

印制品广告应用规范

● 所用字体、字号、位置请参照规范制作
材质：铜版四色印刷
尺寸：根据具体需要而定

此规范适用于报纸、杂志、海报，这里规范标志组合的位置，具体设计内容根据实际需要安排。

应 用 系 统　Application system

VI 识别手册

广告宣传系统

B22　广告宣传是企业利用各种大众媒介或特殊媒介向目标受众发布信息的重要手段，是企业自身形象的重要表现。在设计表现中应把握媒介特点，以及与周围环境配合，生动合理地传达信息，增强品牌的识别性，以达到与受众的有效沟通。

电视广告标版规范

● 所用字体、字号、位置请参照规范制作
要求：画面时间应保持至少3-5秒钟
可以与广告语结合使用

企业全称标版

企业简称标版

此规范只规范标志组合的位置，具体设计内容根据实际需要安排。

应 用 系 统　Application system

VI 识别手册

广告宣传系统

B23　广告宣传是企业利用各种大众媒介或特殊媒介向目标受众发布信息的重要手段，是企业自身形象的重要表现。在设计表现中应把握媒介特点，以及与周围环境配合，生动合理地传达信息，增强品牌的识别性，以达到与受众的有效沟通。

网页首页规范

● 所用字体、字号、位置请参照规范制作

此规范只规范标志组合的位置，具体设计内容根据实际需要安排。

应 用 系 统　Application system

图5-5-188

●对内对外新闻稿

●年度报告、报表

●企业出版物（对内宣传杂志、宣传报）

媒体广告类主要设计构成要素：

●企业标志、名称略称、象征图形等企业署名

●企业色彩系统的运用

●媒体比例尺寸、篇幅、材质（如纸、霓虹灯等）

●文字、图形图像、声音、镜头、光影及其结构格式

（7）室内外标志类（图5-5-189）

项目细则：

①招牌类

●室内外直式、模式、立地招牌

●大楼屋顶、楼层招牌

●骑楼下、骑楼柱面招牌

●悬挂式招牌

●柜台后招牌

●企业位置看板（路牌）

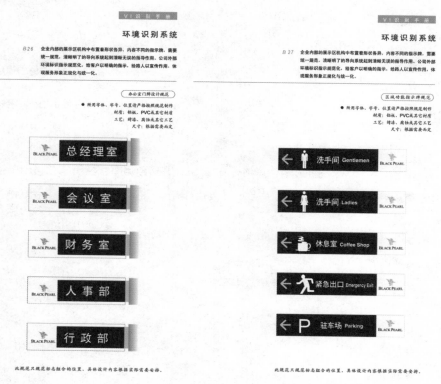

图5-5-189

●工地大门、工务所、围篱、行道树围篱、牌坊

②指示类

室内外指示系统：

●符号指示系统（含表示禁止的指示、公共环境指示）

●机构、部门标示牌

●总区域看板

●分区域看板

●标志性建筑物壁画、雕塑造型

（8）环境风格类

项目细则：

●主要建筑物外观风格

●建筑内部空间装饰风格

●大门入口设计风格

●室内形象墙面

●厂区外观色带

●玻璃门色带风格

●柜台后墙面设计

●公布栏、室内精神标语墙

●环境色彩标志

●踏垫

●烟灰缸、垃圾桶

●员工储物柜

●室内装饰植物风格

（9）交通运输工具类 （图5-5-190）

●营业用工具，如服务用的轿车、吉普车、客货两用车、展销车、移动店铺、汽船等。

●运输用工具，如大巴、中巴、大小型货车、厢式货柜车、工具车、平板车、脚踏车、货运船、客运船、游艇、飞机等。

●作业用工具，如起重机车、推土车、升降机、曳拉车、拖车头，公共用清扫车、垃圾车、救护车、消防车、电视转播车等。

交通运输工具类主要设计构成要素：

●企业标志

●品牌标志

●标准字体

●企业造型

●各要素组合方式、位置比例尺寸、制作工艺等

（10）展示风格类

项目细则：

- 展示会场设计
- 橱窗设计
- 展板造型
- 商品展示架、展示台
- 展示参观指示
- 舞台设计
- 照明规划
- 色彩规划
- 商标、商标名称表示风格
- 椅子、桌子、沙发等的风格。

展示风格类主要设计构成要素：

- 企业标志
- 标准字体
- 标准色
- 介绍文字
- 图形
- 企业造型
- 空间结构
- 灯光
- 材料
- 展品
- 影音等

（11）专卖店识别风格（图5-5-191）

专卖店识别企划：

（1）准备阶段

提出整个识别设计的进度表，并列出有关应知事宜、创意设计方案和简单说明，收集各项资料，制订专卖店识别所需的计划等。

（2）设计阶段

根据上阶段所准备的资料，制定平面配置图及各部分的立面图、透明图；制定家具风格、色彩规划及材料计划表。

（3）编制规范手册

制作详细的平面图、立体图、剖视图和局部大样图；灯光配置规划和说明；家具配置计划图；施工规范图；施工规范说明。

车辆识别系统

B28　交通工具是企业的流动广告媒介，是企业自身形象的重要表现方式之一。因其动感特性，设计表现中应把握交通工具在运动和静止中与周围环境的配合，追求正确合理的视觉认同性和识别性。

大巴车应用规范

● 所用字体、字号、位置请严格按照规范制作
　工艺：烤漆、不干胶或丝印

此规范只规范标志组合的位置，具体设计内容根据实际需要安排。

车辆识别系统

B29　交通工具是企业的流动广告媒介，是企业自身形象的重要表现方式之一。因其动感特性，设计表现中应把握交通工具在运动和静止中与周围环境的配合，追求正确合理的视觉认同性和识别性。

货车应用规范

● 所用字体、字号、位置请严格按照规范制作
　货车上的标志与图形尺寸根据具体情况而定。

此规范只规范标志组合的位置，具体设计内容根据实际需要安排。

VI 识别手册

车辆识别系统

B30　交通工具是企业的流动广告媒介，是企业自身形象的重要表现方式之一，因其动感特性，设计表现中应把握交通工具在运动和静止中与周围环境的配合，追求正确合理的视觉认同性和识别性。

的士类应用规范

● 所用字体、字号，位置请严格按照规范制作
　　工艺：烤漆、不干胶丝网印

此规范只规范标志组合的位置，具体设计内容根据实际需要安排。

应用系统 | Application system

图5-5-190

VI 识别手册

店铺形象类

B32　品牌终端店铺区分布着形状各异、内容不同的形象展示物，需要统一规范，清晰明了的导向系统起到清晰无误的指导作用，销售的环境标志指示规范化，给客户以明确的指示，给路人以宣传作用，体现服务形象正规化与统一化。

店铺销售信息牌规范

● 所用字体、字号，位置请严格按照规范制作
　　材质：铝板、灯箱及其他材质
　　工艺：烤漆、腐蚀及其他工艺
　　尺寸：根据需要而定

形象墙标志牌组合　　　　　　　店铺促销POP海报

立牌　　　　桌牌

此规范只规范标志组合的位置，具体设计内容根据实际需要安排。

应用系统 | Application system

VI 识 别 手 册

店 铺 形 象 类

B 33　品牌终端店铺区分布着形状各异，内容不同的形象展示物，需要统一规范，清晰明了的导向系统起到清晰无误的指导作用。销售的环境标志指示规范化，给客户以明确的指示，给路人以宣传作用，体现服务形象正规化与统一化。

(店铺收银台标志规范)

● 所用字体、字号、位置请严格按照规范制作
材质：铝板、灯箱或其他材质
工艺：烤漆、腐蚀或其他工艺
尺寸：根据需要而定

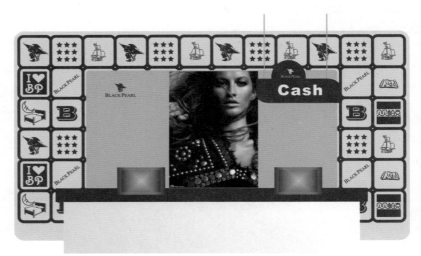

收银台

收银台标志牌组合规范

收银台背景墙图案

此规范只规范标志组合的位置，具体设计内容根据实际需要安排。

项目细则：

● 各空间区域的平面图和立体图、施工图

● 各类材质规划

● 各空间区域色彩风格

● 功能设备规划（如水电、照明等）

● 环境设施规划（如柜台、桌椅等家具，盆栽、垃圾桶、烟灰缸等环境风格，各类橱柜）

● 店员服饰风格、店内外广告招牌造型

● 店内外标志类

● 商品展示类（如商品陈列台、促销台、价目牌、分类牌、店卡、目录架、品牌灯箱等）

（三）编制VI视觉识别手册

1. 设计手册结构体系（图5-5-192）

（1）引言、目录部分

如CI概念、设计概念、设计系统的构成及内容说明、目录。

（2）基本设计项目的规定

主要包括各设计项目的概念说明和使用规范说明等。如企业标志的意义、定位、单色或色彩的表示规定、使用说明和注意事项；标志变化的开发目的和使用范围；具体禁止使用例子；标志与标准字的各种组合；标准化制图等。

前 言

本手册为黑珍珠时装有限公司的VI（视觉识别）手册。

视觉识别系统（VIS）是企业识别系统中的静态识别系统，它以标准化、系统化、统一化的设计手法，全面规划企业对内、对外的所有用品，并将企业的一切视觉表现形成集中、鲜明、个性化的形象概念，以有效实现企业之形象定位。

企业每一部门及员工应严格遵守本手册之规范，以维护企业形象的尊严。

本手册在应用中，如有不明之处，请向原设计公司查询。

王婷婷

基 础 系 统
Basic system

A01 标志释义
A02 标志标准制图
A03 标准字体
A04 字体标准制图
A05 标准色彩
A06 标志与中英文字体的组合规范
A07 标志与中英文字体的组合规范
A08 辅助图形
A09 辅助色彩
A10 辅助色彩
A11 标志背景色规范
A12 中英文印刷专用字体
A13 标志禁用组合
A14 标准色色彩标签
A15 标准色色彩标签
A16 标准色色彩标签
A17 标准色色彩标签
A18 标准色色彩标签
A19 标准色色彩标签

应 用 系 统
Application system

B01 办公纸品类
名片规范
国际信封
信纸、便签纸规范
传真纸规范
工作手册规范
文件袋规范
文件夹规范

B09 员工形象类
胸卡、徽章规范
贵宾卡、访客证规范
管理人员服装应用规范
店员服装应用规范
工人服装应用规范

B15 公关事务系统
光盘封套、盘面规范
纸杯、包装纸规范
司旗规范
桌旗规范

应 用 系 统
Application system

B20 广告宣传系统
户外广告牌应用规范
印刷品广告应用规范
电视广告标版规范
网页首页规范
布面规范
户外广告幕应用规范

B26 环境识别系统
办公室门牌设计规范
区域功能指示牌规范

B28 车辆识别系统
大巴车应用规范
货车应用规范
的士车应用规范

B31 礼品、赠品类
会员礼品应用规范

B32 店铺形象类
店铺销售信息牌规范
店铺收银台标识规范

B34 商品包装类
手提袋规范
挂签吊牌规范
PVC包装规范
水洗唛规范
合格证规范
织唛规范

图5-5-192

（3）应用设计项目的规定

主要包括各设计项目的设计展开标准、使用规范和样式以及施工要求和规范详图等。如事务用品类的字体、色彩及制作工艺等。

2. VI设计手册编制形式

（1）将基本设计项目规定和应用设计项目规定，按一定的规律编制装订成一册，多采用活页形式，以便于增补。

（2）将基本设计项目规定和应用设计项目规定分开编制，各自装订成册，多采用活页和目录形式。

（3）根据企业不同机构（如分公司）或媒体的不同类别，将应用设计项目分册编制，以便使用。

三、企业画册设计与制作

（一）企业画册设计的定义与分类

企业画册设计作为一个信息展示的平台，它包含了企业或品牌的文化理念以及发展历程相关介绍等内容，在设计上多用流畅的线条、精美的图片、优美的文字，组合成一本既富有创意又具有可读性的精美册子，全方位立体展示企业或个人的风貌、理念，宣传产品和品牌形象。企业画册是针对销售季节或流行期，针对有关企业和人员，针对展销会、洽谈会，针对购买货物的消费者进行邮寄、分发、赠送，是企业形象和企业产品的宣传窗口，对企业的宣传起着直接的作用。

企业画册设计应该从企业自身的性质、文化、理念、地域等方面出发，来体现企业精神、传播企业文化、向受众传播内容。高质量的设计，可以提升公司形象，提高产品销售。

企业画册设计的主要分类：

1. 企业形象画册设计

企业形象画册的设计更注重体现企业的形象，应用恰当的创意和表现形式来展示企业的形象，这样画册才能给消费者留下深刻的印象，加深其对企业的了解。

2. 企业产品画册设计

企业产品画册的设计要注重从产品本身的特点出发，分析出产品要表现的属性，运用恰当的表现形式和创意来体现产品的特点，这样才能增加消费者对产品的了解，进而增加产品的销售。例如，服装画册设计要注重消费者对服装档次、视觉、触觉的需要，突出表现服装的款式、面料、色彩、做工等基本属性；同时，要根据服装的类型风格不同，设计风格也应不尽相同。如休闲类服装画册的设计风格需体现出动感与轻松活泼，正装类服装画册的设计风格需体现出严谨、干练、知性与优雅等。

企业画册设计根据用途的不同，会采用相应的表现形式来体现宣传的目的。用途大致分为：展会宣传、终端宣传、新闻发布会宣传等。表现形式通常有折页、单页和册子。折页一般分为两折页、三折页、四折页等，根据内容的多少来确定页数的多少。有的企业想让折页的设计出

图5-5-193

图5-5-194

图5-5-195

图5-5-196

众，在表现形式上通过模切、特殊工艺等来体现折页的独特性，进而增加留给消费者的印象。单页更注重设计的形式，在有限的空间里表现出海量的内容。单页设计一般都采用正面是产品广告、背面是产品介绍的形式。册子设计一般页数为4的倍数。（图5-5-193~图5-5-196）

（二）企业画册的设计

一本企业画册是否符合视觉美感的评定依据，是指画册的设计元素即图形、色彩和文字是否能结合企业产品、行业特征以及企业VI视觉形象，能否在画面上按照美学法则、视觉习惯进行组织、排列，完美表现并提升画册的设计品质和企业内涵。

1. 企业画册的设计要素：色彩

在企业画册设计的诸要素中，色彩是一个重要的组成部分。它可以制造气氛、烘托主题，强化版面的视觉冲击力，直接引起人们的注意与情感上的反应；另一方面，它还可以更为深入地揭示主题与形象的个性特点，强化感知力度，给人留下深刻的印象，在传递信息的同时给人以美的享受。路易•威登创立于1854年，现隶属于法国专产高级奢华用品的Moet Hennessy Louis Vuitton集团。图5-5-197所示的路易•威登品牌2011年服装画册设计主色调以低调的咖啡色、金色为主，表现出该品牌高级奢侈品的品牌定位。

企业画册的色彩设计应从整体出发，注重各构成要素之间色彩关系的整体统一，以形成能充分体现主题内容的基本色调；进而考虑色彩的明度、色相、纯度各因素的对比与调和关系。设计者对于主体色调的准确把握，可帮助读者形成整体印象，从而更好地理解主题。（图5-5-198~图5-5-201）

在企业画册设计中，运用商品的象征色及色彩的联想、象征等色彩规律，可增强商品的传达效果。不同种类的商品常以与其感觉相吻合的色彩来表现，如食品、电子产品、化妆品、药品等在用色上有较大的区别；而同一类产品根据其用途、特点还可以再细分。如食品，总的来说大多选用纯度较高、感觉干净的颜色来表现。其中，红、橙、黄等暖色能较好地表达色、香、味等感觉，引起人的食欲，故在表现食品方面应用较多；咖啡色常用来表现巧克力或咖啡等一些苦香味的食品；绿色给人新鲜的感觉，常用来表现蔬菜、瓜果；蓝色有清凉感，常用来

图5-5-197

图5-5-198

图5-5-199

图5-5-200

图5-5-201

图5-5-202

图5-5-203

图5-5-204

图5-5-205

图5-5-206

图5-5-207

图5-5-208

图5-5-209

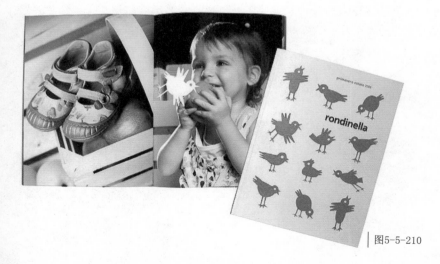

图5-5-210

表现冷冻食品、清爽饮料等。（图5-5-202～图5-5-205）

在运用色彩的过程中，既要注意典型的共性表现，也要表达自己的个性。如果所用的色彩流于雷同，就失去了新鲜的视觉冲击力。这就需要在设计时打破各种常规或习惯用色的限制，勇于探索，根据表现的内容或产品特点，设计出新颖、独特的色彩格调。总之，企业画册色彩的设计既要从宣传品的内容和产品的特点出发，有一定的共性，又要在同类设计中标新立异，有独特的个性。这样才能加强识别性和记忆性，达到良好的视觉效果。（图5-5-206～图5-5-210）

2. 企业画册的设计要素：文字

文字作为视觉形象要素，它首先要有可读性。同时，不同的字体变化和大小及面积的变化，又会带来不同的视觉感受。文字的编排设计是增强视觉效果，使版面个性化的重要手段之一。

在企业画册设计中，字体的选择与运用首先要便于识别、容易阅读，不能盲目追求效果而使文字失去最基本的信息传达功能。尤其是改变字体形状、结构，运用特技效果或选用书法体、手写体时，更要注意其识别性。

字体的选择还要注意适合诉求的目的。不同的字体具有不同的性格特征，而不同内容、风格的企业画册设计也要求不同的字体设计的定位：或严肃端庄，或活泼轻松，或高雅古典，或新奇现代。要从主题内容出发，选择在形态上或象征意义上与传达内容相吻合的字体。

图5-5-211所示的*Love*时尚杂志为配合封面人物好莱坞"小萝莉"的清新自然的洛丽塔服装风格，杂志名称选用带有18世纪欧洲复古风格的字体。

在整本的企业画册设计中，字体的变化不宜过多，要注意所选择的字体之间的和谐统一。标题或提示性的文字可适当地变化，内文字体要风格统一。文字的编排要符合人们的阅读习惯，如每行的字数不宜过多，要选用适当的字距与行距。也可用不同的字体编排风格制造出新颖的版面效果，给读者带来不同的视觉感受。（图5-5-212～图5-5-214）

3. 企业画册的设计要素：图形

图形是一种用形象和色彩来直观地传播信息、观念及交流思想的视觉语言，它能超越国界、排除语言障碍并进入各个领域与人们进行交流与沟通，是人类通用的视觉符号。在企业画册设计中，图形的运用可起到以下作用：

注目效果：有效地利用图形的视觉效果吸引读者的注意力。这种瞬间产生的强烈的"注目效果"，只有图形可以实现。

图5-5-211

图5-5-212

图5-5-213

图5-5-214

看读效果：好的图形设计可准确地传达主题思想，使读者更易于理解和接受它所传达的信息。如图5-5-215、图5-5-216所示的儿童鞋类rondinella品牌画册设计采用红绿对比色和立体的卡通图形，强烈吸引儿童的视线，很好地传递了品牌信息。

诱导效果：猎取读者的好奇心，使读者被图形吸引，进而将视线引至文字。当你布置这些图形时，要注意图形视觉上的重量、平衡和视线转移的路线。一个页面里的所有元素包括文字都会影响设计的视觉平衡。将这些图形元素分成不同的组，每个组和其他的组都有相互平衡的关系，先把主要的组放在开阔的地方，然后把单个的图形或是比较小的组放在周边的位置上，尽量让元素的重心靠近整个布局的中间，可以让显得较重的元素组更靠近中间，这样就和远离中心但是比较轻的元素组相平衡了。注意文字块本身也是有重量的，也是我们考虑平衡的一个部分。（图5-5-217、图5-5-218）

很多元素本身是有指向性的，它们的形状会让我们的目光不自觉地在某个方向上移动。比如图5-5-219中的螺丝刀、扳手等都有它本身的指向，我们的视线会不自觉地跟随其朝文字这个方向移动，这个特性很有价值，可以引导读者视线在页面上移动。（图5-5-220）

图形表现的手法多种多样。传统的各种绘画、摄影手法可产生面貌、风格各异的图形、图

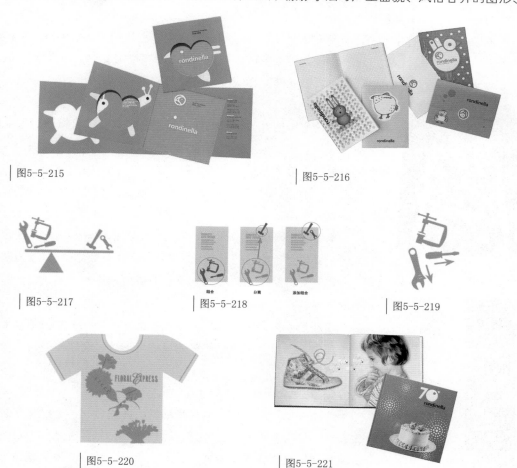

图5-5-215

图5-5-216

图5-5-217

图5-5-218

图5-5-219

图5-5-220

图5-5-221

像。尤其是近年来电脑辅助设计的运用，极大地拓展了图形的创作与表现空间。然而无论用什么手段表现，图形的设计都可以归纳为具象和抽象两个范畴。

具象的图形可表现客观对象的具体形态，同时也能表现出一定的意境。它以直观的形象真实地传达物象的形态美、质地美、色彩美等，具有真实感，容易从视觉上激发人们的兴趣与欲求，从心理上取得人们的信任。尤其是一些具有漂亮外观的产品，常运用真实的图片通过精美的设计制作给人带来赏心悦目的感受。因为这些特点，具象图形在企业画册的设计中仍占主导地位。

另外，具象图形是人们喜爱和易于接受的视觉语言形式。运用具象图形来传达某种观念或产品信息，不仅能增强画面的表现力和说服力，提升画面的被注目值，而且能使传达富有成效。需要注意的是，具象图形、图像的选择、运用要紧扣主题，需要经过加工提炼与严格的筛选，它应是具体图形表现的升华，而不是图片形象的简单罗列、拼凑。（图5-5-221）

抽象图形运用非写实的抽象化视觉语言表现宣传内容，是一种高度理念化的表现。在企业画册设计中，抽象图形的表现范围是很广的，尤其是现代科技类产品，因其本身具有抽象美的因素，用抽象图形更容易表现出它的本质特征。此外，对有些形象不佳或无具体形象的产品，或有些内容与产品用具象图形表现较困难时，采取抽象图形表现可取得较好的效果。

抽象图形单纯凝练的形式美和强烈鲜明的视觉效果，是人们审美意识的增强和时代精神的反映，较之具象图形具有更强的现代感、象征性、典型性。抽象表现可以不受任何表现技巧和对象的束缚，不受时空的局限，扩展了企业画册的表现空间。

图5-5-222

图5-5-223

无论图形抽象的程度如何，最终还是要让读者接受，因此，在设计与运用抽象图形时，抽象的形态应与主题内容相吻合，表达对象的内容或本质。另外，要了解和掌握人们的审美心理和欣赏习惯，加强针对性和适应性，使抽象图形准确地传递信息并发挥应有的作用。

具象图形与抽象图形具有各自的优势和局限，因此，在企业画册设计的过程中，两种表现方式有时会同时出现或以互为融合的方式出现，如在抽象形式的表现中突出具象的产品。设计时应根据不同的创意与对象采用不同的表现方式。如图5-5-222、图5-5-223所示的男装品牌画册设计将品牌标志图形运用到画册底图设计中，画册具有统一的整体风格与形象，有效传递了品牌记忆信息。

4. 企业画册的设计要素：封面

封面犹如画册的脸，凝聚着书的内在的含义，通过文字、图像、色彩各种要素的组合经营，运用比喻、象征等创作语言，抽象或写实等表现手法，将要传达的信息视觉化并充分体现在这张表情可以无穷变化的封面之中。我们不能把封面看成是一张简单的"经过化妆的脸"，而应理解为是与正文相呼应的画册内容精髓的再现。

　　封面设计的构图，是将文字、图形、色彩等进行合理安排的过程，其中文字占主导作用，图形、色彩等的作用是衬托画册名。一般情况下，将文字进行垂直排列，具有严肃、刚直的特点。水平式的构图，给人以平静、稳重的感觉，将画册名水平排列能给整体带来平衡的作用。倾斜式的排列，可以打破过于平稳的画面，以求更多的变化，运用恰当有助于强化画册的主题。封面设计的造型要带有明显的阅读者的年龄、文化层次的特征。少儿用品画册形象要具体、真实、准确，构图要生动活泼，尤其要突出知识性和趣味性，一般配合夸张性、想象性、人格化、游戏性、幽默性等方面的插图来进行设计创作。它可以培育少儿丰富的情感和想象力，而这些正是他们日后成功与快乐的源泉。对中青年到老年人的读物，形象可以由具象渐渐转向于抽象，宜采用象征性手法，构图也可由生动活泼的形式转向于严肃、庄重的形式。（图5-5-224~图5-5-226）

　　企业画册的形式、开本变化较多，设计时应根据不同的情况区别对待。页码较少、面积较小的企业画册，在设计时应使版面特征醒目，色彩及形象要明确突，版面设计要素中，主要文字可适当大一些。页码较多的企业画册，由于要表现的内容较多，为了实现统一、整体的感觉，在编排上要注意网格结构的运用；要强调节奏的变化关系，保留一定量的空白；色彩之间的关系应保持整体的协调统一。

　　为避免设计时只注意单页效果而不能把握总体的情况，可采用以下方法来控制整体效果。

　　首先确定创作思路，根据预算情况确定开本及页数；其次依照规范版式将图文内容按比例缩小排列在一起，以便全面观察比较、合理调整；然后找出整册中的共性因素，设定某种标准或共用形象，将这些主要因素安排好后再设计其他因素。在整册中抓住几个关键点，以点带面来控制整体布局，做到统一中有变化、变化中求统一，达到和谐、完美的视觉效果。

图5-5-224　　　　　　　　　图5-5-225　　　　　　　　　图5-5-226

（三）企业画册设计制作流程

1. 客户需求分析（客户自身产品和品牌形象；竞争对手分析；目标顾客分析）。

2. 收集整理资料。

3. 整体方案策划（文案，色彩基调，设计风格，画册的印刷工艺、装订形式等）。

4. 平面方案设计：

●封面封底及内页2P的方案设计；

●客户确认封面封底及内页2P的设计方案；

●开始内页设计制作；

●完成全部设计；

●客户确认设计方案。

5. 出黑白稿样，客户一校确认文字无误。

6. 出激光彩稿样，客户二校确认大体色彩、装订形式、印刷册数，签字送样印刷。

7. 出货验收。

企业画册设计制作注意事项：

●文件的模式要为CMYK模式。分辨率不低于300DPI。黑色字勿使用C:100、M:100、Y:100、K:100之四色填充。单色黑可以设置成C:100、M:100、K100、C30~80，一般铺满8K大小的黑色底，C设置为30即可。

●避免用电脑里面自带的系统字体，如宋体等。尽量用字库字体，如方正字库、汉仪字库等。

●反白文字的字体尽量用黑体或者楷体，避免用如宋体那些线画较细的字体。

●考虑到印刷成本，字体颜色尽量使用单色或者双色。

●色值尽量设置为5的倍数，这样可以与色卡比对，也很方便记忆。颜色设定值不能低于5%，以免颜色无法显现。

●页码是从右手开始的，画册页数为4的倍数。

●一般使用CorelDRAW，Illustrator，Freehand，Photoshop软件工具制作文件，置入或导入文件的图片请先在图像处理软件Photoshop中处理。文字编辑处理在矢量软件CorelDRAW和Illustrator中进行。定稿印刷前，为避免文件字体无法显示，文字需在矢量软件中转曲线或外框字。

●段落文字在其下面有底色或底图的时候，应该设置"叠印填充"或者"叠印轮廓"，以避免印刷事故。CorelDRAW渐变颜色、透明及滤镜等特殊效果需要点阵成图片格式，分辨率为350DPI以上，线框描边粗细不可小于0.1mm。

●角线，裁切线的颜色设置应与文件颜色相同，即文件为几色，角线就设为几色。

●企业画册成品大小通常为：横式企业画册(285mm×210mm)，竖式企业画册(210mm×285mm)，方型企业画册(210mm×210mm或280mm×280mm)。有时为了取得特殊的视觉效果，开本尺寸大小自定，但需要把握成本最小化原则与消费者阅读习惯原则。

●企业画册设计制作时，一个文件尺寸为291mm×426mm(四边各含3mm出血位)，中间加参考线分为2个页码来进行设计。

●企业画册排版时，如图5-5-227所示，注意四边各放3mm出血位，并将文字等内容放置于裁切线内5mm，企业画册裁切后才更美观。

●CorelDRAW文件请存成CDR格式（使用CorelDRAW特效之图形，请转换成位图，位图分辨率350DPI）；Freehand，Illustrator文件请存成EPS格式(外挂之影像文件，需附图档)；Photoshop文件请存成TIFF分层格式。非系统自带字库字体请附字体安装文件包。

●印刷纸张、克数、工艺的选择，也是画册设计的重要环节，是决定画册成品质量的因素之一。

（四）优秀服装企业画册赏析

1. 马克华菲

马克华菲是一个以深海鲸鱼命名的时尚服装品牌，它如同一个奇迹般的慢乐章，在宁静中挑起优雅的旋律，时时令人心荡神驰的中国舞曲，让人回味无穷。这真是马克华菲家族的荣光。曾被誉为"中国时尚界的巨子"的Mark Cheung不愧是Mark Fairwhale家族最有才的"造梦设计师"。他善于运用灵性纯美的设计风格，当中运用了绘画、音乐、影视的各种有特点的艺术设计元素，同时借鉴了西方的特色服饰文化的表达方式，完美地结合了中国传统的文化艺术精髓，积

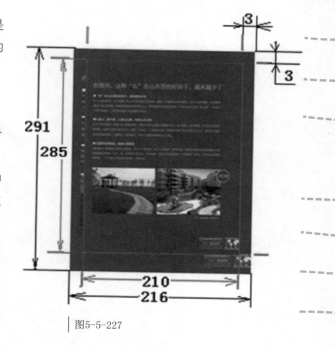

图5-5-227

极努力为知性人士提供最精致的"梦的羽衣"。打破传统，勇于创新，以独特的创作方式，为都市时尚的年轻女士提供反传统的时尚概念，全新创造了一种高级时装成衣化的流行时尚风格，在那一刻将Mark Fairwhale时尚家族推向了全新的梦想旅程。

图5-5-228所示的时尚大气的服饰品牌杂志封面设计，高贵而优雅，从而带着一丝妩媚。宝蓝色气质优雅，彰显出那种无与伦比的独特气息。这种肆意而优雅的底部字体设计理念彰显出自由活力向上之感，精美与雅致很好地诠释了知性人士的典雅品位，看似随意而简约的设计风格，飘逸的花边设计完美地体现出"深海鲸鱼"的低调完美。

图5-5-229所示的版面设计简洁，从简约的设计风格体现那种独一无二的风姿，以布艺的形式突出钻石的高贵与典雅，硕大的英文字母设计将时尚与品牌的距离拉得更加近了。

图5-5-230所示的版面设计简洁而精练，左边以英文描述为主，而右边则以激情澎湃的现场歌唱表现为主，无声似有声的图片，让人有一种深入之感；阿莫多瓦的多彩缪斯将音乐表现得如同在现场一样，硕大的英文与中文相结合表达出优雅的意境。

　　图5-5-231所示的斑斓之爱的女装色彩是一种符号，同时也是一种时尚的体现，在无形中激发出人们内心深处对蓝色的热爱与追求。蓝色以其最天然、最独特的自然气质，将浪漫的夏季点缀得更加富有清凉感，让人变得更加动人而有魅力。

　　图5-5-232所示的版面设计中各种配饰全部大集合，暗纱畅想，独到的眼光，将黑色表现得既优雅又大气，在低调的纯黑色中完成色系及材质的细微变化，在不变中体现多变的风姿，浓妆艳抹与黑色妩媚的气质合二为一，突出那种优雅与品位。

　　2. 麦考林

　　麦考林是全球最强大的时尚女性服装专卖平台，上海最知名的网络购物网站，其销售的产品主要以女性服装、化妆品、儿童服装、配饰以及健康美容与婴儿用品等为主。上海麦考林国际邮购公司建立于1996年，由美国风险基金华平基金投资四千五百万美元。麦考林是中国的

图5-5-228

图5-5-229

图5-5-230

图5-5-231

图5-5-232

最大的邮购公司，在2000年4月开通在中国的第一家电子商务门户网站。麦考林客户分布全球各地，如：苏州、南京、武汉、上海、成都、深圳，等等。

图5-5-233所示的服装样本封面设计以深秋季节为主推的服装展现为主，封面上个性时尚的服装与气质非凡的模特彰显出国际大都市的时尚，页面设计简洁清新。渐渐变冷的秋冬季节，深色的时尚服装给爱美人士带来一种独特的流行风暴。浓妆艳丽加上时尚的发型与潮流时装搭配给人带来前所未有的震撼力。麦考林的标志设计更清新淡雅，给人一种大牌的气息。

图5-5-234所示的服装样本内页设计以现在秋冬季节较流行的时尚元素来设计，页面设计以不同色彩展现同一款样式的围脖，产品以照片的形式呈现突出了时尚流行潮流，并加以模特与产品的结合展示更加给人一种时尚前沿的风暴。整体设计以淡雅的底色设计突出色彩艳丽的围脖所体现的主题，并将产品以不同的方式表现，右上角醒目的优惠价格给商品更是在无形中增加了一些诱惑力。

图5-5-235所示的服装样本内页设计，以奢华高贵皮草风情为特色体现出华丽而高贵的仿皮草，柔软顺滑并且光泽感引人注目，模特简单的H型修长的身段展现出丰富的层次感。页面设计采用大胆且神秘的黑色为主，让狂野的霸气尽情展现，精致而突显腰身的腰带彰显俏丽腰线，处处展现大牌、魅力无限。页面的文字设计采用暗黄色与黑色的页面在无声中传达奢华与高贵。

图5-5-236所示的服装样本内页设计，以优雅、随性、大牌气场的摩卡旋律豹纹外套与天鹅舞曲九分牛仔裤搭配，使穿着者的魅力瞬间大增；洒脱的披挂式毛织开衫，个性的荡领与稳重的拼色处理，举手投足间在随意优雅中散发出强大的明星气场，迷人且妩媚的模特将独特的豹纹元素体现得更加随性大气。页面上图片以底片的形式将模特的个性和大品牌气质体现出来，寓意是将瞬间即逝的美好形象永久保留。

图5-5-237所示的服装样本内页设计，以个性的时尚服装与魔鬼的身材来展现，照片以整体服装分割展示细节部分，别致细节升级装扮格调体现出经典实用的纯色长袖T恤，独特的修身造型和别致的细节点缀让质地柔软的Basic款式瞬间彰显独特魅力，深棕色的底色设计给秋冬季节的服装增添了不少光彩。

3. 关于ES JEANS

ES JEANS是Etam女装品牌旗下的休闲运动系列，这个服装系列主要针对18~35岁年龄段的爱美女性。无论是款式还是颜色都与时尚潮流紧紧相连，打造一个年轻、充满朝气的形象。以下这款服装宣传样本主要展示了2011春季牛仔裤系列，产品多样、款式潮流，能让热爱时尚牛仔裤的女性消费者拥有更多的选择。宣传样本的版式是正方形，设计简洁、色彩绚丽，漂亮的模特和时尚修身的服饰像一本时尚服饰类的杂志一样吸引人。翻开内页几乎没有任何说明性的文字，全部以图片为主打，用视觉语言紧紧抓住消费者的眼球。整本宣传样本设计的元素不多，款式多样的新品上架牛仔裤、装饰性的英文字母标题、服装模特丰富的pose、牛仔裤的编号和价格，主题明确，内容直观，是一款非常不错的设计。

图5-5-233

图5-5-234

图5-5-235

图5-5-236

图5-5-237

　　图5-5-238所示的封面、封底设计，封面是身穿各种服装款式的女模特摆的造型，展现出了年轻时尚的气息，卡通手绘的英文字母颜色靓丽；封底是牛仔服装布料的纹理，印上品牌标志，设计简洁大方，主题明确。

　　图5-5-239所示的服装内页设计，翻开内页，是一款可爱风格的牛仔裤，各种各样的服装pose，展现出青春靓丽的年华；卡通手绘风格的英文字母标题"I LOVE BOY FRIEND JEANS"，既起到装饰作用，也能深化主题。

　　图5-5-240所示的牛仔服内页设计，着重展示了牛仔裤的细节部分，很直接；卡通手绘风格的英文字母标题则起到装饰作用，也说明了服装的舒适性。

　　图5-5-241所示的牛仔服内页设计，当你在镜头前不知所措的时候，可以学习这里的模特是如何摆出多种生动的造型的。当然，一款修身的服装能为你的美丽加分。

　　图5-5-242所示的春季服饰内页设计，完美的背带型牛仔裤，百搭的款式，呈现出不同风情的你；左页放了多种pose，右页是牛仔裤的特写。

　　图5-5-243所示的牛仔裤内页设计，每一款牛仔裤都有一个独一无二的编码，并且明码标价，如果你看上哪一款，就可以直接向售货员报出编号，买到你心仪的牛仔裤。

图5-5-238

图5-5-239

图5-5-240

图5-5-241

图5-5-242

图5-5-243

第六节　服装毕业设计成衣汇演

一、毕业汇演目的

1. 展示服装设计专业学生毕业设计成果；
2. 展示学校服装设计专业教学水平；
3. 展现学校整体的教学水平；
4. 体验学校作为民办本科高校的整体实力；
5. 推广和提升社会对学校及其毕业生的认知度和美誉度。

二、毕业汇演地点选择

1. 方案一：校内礼堂，不受天气影响，观看人数受限制，音响灯光效果好。
2. 方案二：校内教学楼前广场，易受天气影响，观看人数不受限制，音响灯光效果不好。
3. 方案三：校外酒店或礼堂、商场中央公园，不受天气影响，观看人数受限制，音响灯光效果好，场地费用昂贵。

三、活动工作流程示例

时间	内容	地点	负责人	备注
3月上旬前	活动方案落实，赞助商落实	学校	校企双方项目负责人	
3月底	落实场地	校内外	校主办方负责人	
4月初	实际场地精测量	现场	文化传播公司	
4月10日～4月30日	前期所有演出制作物品准备 背景效果材料 基础舞台制作 基础背景制作 环境材料采购、按比例制作成品 选定演出用灯	现场	文化传播公司 校主办方负责人	项目同时间进行为了让所有制作环节质量稳定，双方随时沟通完成细节
5月初	模特、主持人及礼仪小姐的选定	学校	文化传播公司 校主办方负责人	

（续表）

时间	内容	地点	负责人	备注
5月15日	主办方项目负责人再次沟通落实细节	学校	双方项目负责人	
5月16日～6月1日	彩排，落实出场款式、顺序	现场	文化传播公司 校主办方负责人	
6月6日	进场施工环节： 1. 场地保护物品先行安装 2. 地面处理 3. 灯架安装（保证舞台正面背景前灯架障碍，在基础背景安装前升起灯架） 4. 基础背景安装 5. 灯光调试方法 6. 音响调试 7. 场外的布置 8. 投影仪的安装与调试 9. 服装的准备，后台的搭建		文化传播公司 校主办方负责人	所有工作在6日下午15：00时前完成

四、活动当天流程示例

序号	内容	所需时间	负责部门	备注
1	设备进场安装调试	3小时	文化公司	安装过程
2	服装进场，模特与主持人及礼仪小姐试装	2小时	文化公司	模特试装
3	演员及工作人员用餐	30分钟	校主办方	分批进行
4	化妆	2小时	校主办方	与试装同时穿插进行
5	全体彩排	1小时	校主办方	T舞台表演
6	全体工作人员进入最后的协调整理工作	20分钟	各项目部门	
7	演出开始，主持人报幕		校主办方	
8	学校领导讲话	5分钟	校主办方	
9	企业领导讲话	5分钟	校主办方	
10	走秀演出开始（30分钟为一主题节）	30分钟	模特表演	
11	节目表演及主持人介绍学校、专业	10分钟	演员演出	
12	走秀演出	30分钟	模特表演	
13	节目表演	10分钟	演员演出	
14	走秀演出	30分钟	模特表演	

（续表）

序号	内　容	所需时间	负责部门	备　注
15	节目表演	10 分钟	演员演出	
16	走秀演出	30 分钟	模特表演	
17	节目表演	10 分钟	演员演出	
18	演出结束，设计师谢场及闭幕致辞	15 分钟	校主办方	
19	全体参加此次发布会的同学为母校大合唱将汇演推到高潮	5 分钟	校主办方	
20	设计团队谢幕、合影	5 分钟	校主办方	
21	向评委、记者、领导及设计师赠送礼物	5 分钟	礼仪小姐	
22	人员退场/设备撤场	约 2 小时	文化公司	

五、组织策划结构

1. 总策划人

负责总体策划，写出总计划书。对各项工作分工，落实负责人，把握全局和总进度，全面落实总计划书中全部策划细则的实施。

2. 策划人

各部分的策划者：

公共关系——对外界的一切联络、接待、款项落实、传媒联系、签约手续等大事件的安排、筹划、管理和落实。

宣传广告——宣传策略、宣传计划、广告形式、所选择的宣传媒介等。

表演设计——写表演总计划书：出场编排、模特编排、队列编排、脚本。

工程设计——舞台设计、音乐合成、灯光效果、音响效果、总体气氛和色调设计。

服装管理——服装设计、制作、分架、试衣、穿衣等等。

3. 分组

（1）公关组分管工作

公关——联系厂商、来宾、买家、赞助商、参与者等。

宣传——海报、标志、刊物、请柬、广告、宣传单、新闻发布会筹划等。

文书——负责新闻稿件、发言稿件、书信往来、文字材料等秘书方面的工作。

接待——联系、接洽、接待以及迎送嘉宾、要人等具体工作。

（2）表演组分管工作

模特——与模特队联系，决定选队和选员名单，模特资料，对训练、排练、表演等在时间衔接上作安排。

化妆——对化妆、发型、饰物搭配等进行总体形象设计。

解说——对表演计划书、解说文字稿、脚本等方面的实施。

彩排——熟悉总体表演程序的编排，负责彩排与表演过程的顺利实施。

（3）衣物组分管工作

衣物——按表演顺序分出每一位模特的衣物架，写出衣物卡，安排与管理穿衣者，注明重点注意部分。

穿衣——协助模特穿衣，整理衣物。

（4）工程组分管工作（此部分可外包给文化传播公司）

场地布置——联系工程队、备料、舞台布置与拆除、善后工作。

灯光处理——租借灯光、布置、打光、追光、灯光开关处理。

音响配合——音乐合成、音响配合。

摄影录像——器材准备、用具准备、摄影、录像。

（5）总务组分管工作

财务——财务规划，资金分配、管制，现金、支票往来。

事务——餐饮预定，材料准备，协助各部门事务性的工作。

票务——交通、住宿安排，座次安排等。

订单——订单、记录、档案处理等。

礼品——礼品、纪念品、刊物、宣传品、赠送事宜等。

六、总体表演策划

1．脚本

在表演当天的整个表演过程中，一切表演细节的总体安排。包括：人物的出场入场、亮相走位、司仪台词、每个部分的具体规定时间、音乐起止、灯光走向与开关控制等整体布局的文字脚本。

2．出场安排

将系列组合后的服装，按出场的先后次序编上编号。

出厂顺序	服装名称	系列套数	表演模特	配饰
1				
2				
3				
4				
5				
6				

顺序	模特	服装	顺序	模特	服装	顺序	模特	服装	顺序	模特	服装
1			5			9			13		
2			6			10			14		
3			7			11			15		
4			8			12			16		

3．模特安排

根据模特资料和演出系列服装风格选出所需模特人数，安排模特出场的先后顺序并编号，同时安排模特穿衣的总套数。

4．队列编排

队列编排时必须同时对出场安排、模特安排一起对着认真研究，一切细节都得考虑周到。要以服装出场安排的次序、模特出场的场次来编排模特走的路线，所需时间，定位造型的位置，出场退场的先后、方位，造型亮相的要求，表演特别规定动作，以及需要特别提示的部分。

队列编排一定要与脚本所定的总体气氛、音乐、灯光、舞台设计一起考虑，才可能创造出整体效果来。

5．衣物管理

（1）设专人负责衣物管理（2~3个人）。衣物管理者按照模特出场编排的结果来分配好衣物配件，每单件衣物都要贴上准确的编号标签，然后依出场安排的编号再按每个模特的出场次序分好衣架。写好每个模特的出场衣物登记卡，记录好每个出场编号中的服装件数、饰物件数及特别注意事项。衣物管理者要写好穿衣工注意事项，穿、脱衣服管理要求，安排并交代好穿衣工。一般一个模特跟一个穿衣工。可派专人管饰物（特别贵重的）或分到每系列的每套服装之中，多准备一些丝袜、扣针、针线、发夹等应急备用之物。

（2）衣物管理者应从头到尾全权负责衣物的调配、发放等事宜，特别是对于部分衣物配件要重复用于两拍以上表演穿着的，更要重点关注并由专人经手为好。

（3）每个穿衣工在演出之前必须准确无误地清点好自己管理的衣物，熟悉表演顺序。每一次穿衣的顺序是：

①在模特穿着前将衣服的链、扣、带等打开，模特脱衣时帮助解开衣裤等后面的链、扣、带，脱下后马上接手衣物，放于一边，从侧面和后面帮助模特穿着，如拉拉链、扣扣子、系带子等，注意看模特穿着过程中有没有穿漏穿错，配上配饰后看看整体穿着效果，直到模特出场后，马上将脱下来的衣服按顺序放回衣架上。穿衣工是协助模特加快穿着速度的人，千万不可影响和阻碍模特本身的穿着状态。

②衣物总监表演前后都应负责管理整个衣物的工作，调配每个穿衣人员的工作，提醒每一个人应注意的事情。演出时，站在出场最前面，负责最后检查模特出场前的整体穿着状况，配贵重饰物，把好最后一道关。

③在服装配饰、队列安排确定后，首先安排一个模特进行穿着造型拍摄，然后按各系列出场顺序列表，表演时贴于后台出场位置，让模特、穿衣、催场、管理者都可以照此规则去做。

6．表演环境总设计

（1）舞台、色调、音乐、灯光、气氛、风格。音乐可全部制成为一张CD或按单张CD选曲。

（2）出入口位置，造型点位，走场的中线、左右边线、追光灯、后脚灯、前射灯的控制。特殊效果如干冰、烟雾、飘雪、泡泡、彩纸碎、彩带等方式的使用和时间安排。

（3）司仪出场或画外音的安排。

七、汇演主题及版块设计示例

本次服装发布会的主题为：蝶变。

蝶变，不是一种结果，而是一种积淀，只有凝聚了坚持，从头至尾，如一不变，蝶变才成为可能。按捺心中的躁动，凝聚成功的信心，相信自己，坚持一阵，坚持一生，就能成功，就能蝶变。

此次服装汇演分为五个系列的展示：

●系列一：破茧，一切新生的开始。（休闲之生活系列＋男装系列）

破茧而出，是为了重新演绎新的生命。本系列服饰所展现的是现代少男少女青春无敌、阳光、健康的形象，将女性的柔媚与男性的阳刚结合在一起来体现出现代年轻人健康的生活方式和生活态度。

背景表演：热辣高贵的现代弦乐表演，配合模特的激情展示。

道具：帽子、手包。

背景灯光：以黄色和绿色为主调，配以白色普光作为铺撒，体现出夏秋两季的勃发与收获。

背景音乐：以西式经典乐曲配以极富动感的现代节奏，展现出青春美少女的时尚与动感。

中场：舞蹈表演或者乐器（小提琴）演奏。

●系列二：羽化——羽化为蝶，是为了更高更美地纷飞。（童装系列）

儿童天真烂漫，是国家的希望和未来，他们爱动、爱笑、爱哭，浑身充满活力。本系列的服饰给可爱的儿童以完美的搭配，使孩子们在端庄优雅的同时又不失天真活泼的元素。

背景表演：在展示舞台的两面配有两个男女儿童舞蹈来配合模特的激情展示。

道具：太阳镜、帽子、手袋、围巾、毛绒玩具、棒棒糖、肥皂泡泡。

背景灯光：以五彩色为主调，体现出天真活泼的儿童特点。

背景音乐：以欢快的儿童歌曲配以动感的节奏，展现儿童们的快乐生活。

●系列三：展翼，向着明天飞翔。（职业装系列）

都市佳人的完美生活，爱运动，爱生活，爱时尚，运动让我更具活力，美丽新指标，活力一百分，本系列的服饰给都市的完美女性以完美的搭配，使都市女性在端庄优雅的同时又不失时尚与动感的元素。

背景表演：在展示舞台的两面配有两个吹萨克斯的男演员来配合模特的激情展示。（以萨克斯这种音乐元素配合本系列服饰的展示主题更能体现出都市女性的优雅与时尚）

道具：太阳镜、帽子、手袋、围巾。

背景灯光：以红色和绿色为主调，配以白色普光作为铺撒，体现出活力四射的运动生活。

背景音乐：以欢快的轻音乐配以动感的现代节奏，展现都市丽人的完美生活。

中场：街舞、歌唱表演。

●系列四：化蝶，纷飞的妖娆，散落的美丽。（创意装）

创意服装是具有超前性、强调设计者个人风格的服装，是设计者的文化修养、艺术修养、创新意识和表现能力的集中反映。

道具：时尚皮包、饰品、伞、羽毛、创意道具等。

背景灯光：以黄、蓝、绿色为主调，配以白色普光作为铺撒，体现出五彩斑斓的创意生活。

背景音乐：配以极富动感、多变的现代节奏，展现出青春美少女的时尚与动感。

●系列五：扬梦，带着今日的梦想飞向未来的旅途。（礼服系列）

美丽是每个女性的毕生追求，从少女时代到都市丽人，每一天我们都在为自己的美丽喝彩，为美丽装扮，简约而不失高贵，时尚中又表露个性，这就是本系列服饰所要带给你的美丽新主张。

背景表演：在展示台的后面配有一位优雅的小提琴手配合本系列服装的展示，体现出"天使"的优雅与纯真。

道具：时尚皮包、饰品。

背景灯光：以黄、蓝、绿色为主调，配以白色普光作为铺撒，体现出五彩斑斓的时尚生活。

背景音乐：以东方经典民乐曲配以极富动感的现代节奏，映衬出服饰的经典与时尚。

（一）现场布置

●现场包装：多彩气球，扎成各式形状置于现场，颜色分为红、蓝两种；舞台前放置进口高档音响一套。

●为嘉宾、贵宾、评委等准备名牌、胸花及礼宾花。

●台下贵宾席与嘉宾席的布置，饮料摆放。

（二）舞台设计

回避传统的红地毯的舞台设计，采用现代自然、简洁的风格。舞台的主体采用蓝天色，再加上普光灯的照射，使人有种回归自然的感觉，让观众耳目一新，同时也更加贴切本次服装展示的风格：蝶变。另外，本次舞台效果我们还会采用一定的舞台特效，例如冷焰火、烟雾等，在当场的每一位观众都有置身仙境的感觉。

（三）宣传计划

（1）我们将邀请与学校有过多次合作的电视台对此次服装发布会进行特别报道。

（2）将邀请一些在地方上有影响的地方媒体对此次活动进行书面报道。

（3）届时我们会邀请一些有实力的网络媒体在网络上对此次服装发布会进行图文并茂的报道。

（4）在发布会当天我们还会印制一些DM海报为此次发布会进行宣传造势。

（5）在服装发布会的当天我司会另聘请专业的摄影师与摄像师将当天的情况进行详细的摄录与剪接并制作成光盘赠送给所有参与设计的设计师与到场的领导、嘉宾及新闻记者。

（6）同时，我们将会结合新闻发布会当天所拍摄的情况，结合文字及学校所提供的资料，将本次新闻发布会与学校的简介制作成画册赠送给所有参与设计的设计师与到场的领导、嘉宾及新闻记者。

（7）鉴于赞助厂家消费群体的定位，赞助厂家将在合适的媒体宣传此次活动。

（8）在现场将为赞助厂家的员工准备专门的座位，并可在现场安排厂家的宣传条幅和发放厂家宣传册。

（9）现场礼品可由赞助商提供。

（四）活动成本预算

1. 演出预算因素

（1）专业男女模特24名、主持人2名，礼仪小姐、演出人员若干。

（2）制作费用：编导、统筹、模特管理、后台主任、前期策划、后期制作、音乐制作、演出制作、舞台管理及舞台特效（包括冷烟火、烟雾等）。

（3）场地租用费用。

（4）后台设备。

（5）化妆造型（不含特别装饰品）。

（6）摄像系统：摄像机一台，后期制作编辑出成品光碟。

（7）道具租赁、制作、运输。

（8）外场设施与维护费用。

（9）音响工程清单。

（10）器材运输费。

（11）工作人员交通费。

（12）工作人员餐饮费。

2. 宣传费用

包括：电视台的媒体、地方平面媒体、国家平面媒体（上"两会"的报纸）、网络媒体、DM杂志、巨幅易拉宝、彩喷宣传海报、光盘、宣传画册。

3. 舞台制作部分

因地制宜，利用现场平整的场地和台阶，铺设舞坛地毯以营造展示氛围。

注明：

（1）因实际安装时间非常紧张，人员要多人多工种配合。

（2）切割设备和安装设备要现场操作。

（3）考虑安全问题。

（4）运输。

（5）其他不可预见的问题、工程监制、制作监制、交通。

基础舞台：背景安装、基础舞台安装、工程航架、工程方钢管、支撑架、稳固重物。

4. 现场表演部分

荧光棒、气氛道具等。

5. 场外布置设施部分

横幅、气球、彩旗、花篮、巨幅易拉宝等。

AUDIO SYSTEM音响系统		
①	MEYER SOUND MSL-4 SPEAKER 音箱	4PCS
②	MEYER SOUND 650 SPEAKER 超低音音箱	2PCS
③	MACKIE 24CH MIXER调音台	1PC
④	LA EQ231G-SP EQ均衡器	2PCS
⑤	SHURE UHF高频手提无线咪	4PCS
⑥	SONY MD PLAYER镭射唱机	1PCS
⑦	SONY CD PLAYER镭射唱机	1PCS
⑧	MEYER SOUND UPA-1P SPEAKER 监听音箱	PCS
⑨	INTERCOM对讲机（对讲系统）	4SETS
⑩	SONY 1024 电脑切换器	1PC

注：音响工程清单

第二部分　服装专业就业指导

第六章　服装行业发展趋势及企业工业化生产流程

第一节　服装行业发展趋势

　　服装行业是我国传统支柱产业之一，在国民经济中处于重要地位。近几年，我国的纺织服装业有着较大的发展，也在较大程度上推动了国民经济的发展。中国巨大的市场内需已经成为国内服装行业平稳增长的主要动力来源。人们生活水平的不断提高，服装消费观念正不断成熟，对服装质量、特性、品牌文化内涵的认识在不断提高，特别是居民的消费更加注重个性化、舒适化、品牌化和时尚化。服装消费逐渐趋向于中高档化发展，我国服装采用中高档面料的比重在逐年增长。服装行业向高附加值、高科技含量、高舒适度的方向发展，有利于服装行业产品结构的升级，增强品牌服装企业的市场竞争力。服装消费已经从单一的遮体避寒的温饱型消费需求转向时尚、文化、品牌、形象的消费潮流。中国服装消费市场正沿着"需求消费→时髦消费→时尚消费→个性消费"这样一个由低到高的品牌消费需求轨迹进行着变革。改革开放以来，随着国内物质生活水平不断提高，服装行业在发展中逐渐从规模、产量转变为品牌、品质以及产品个性化方面的竞争，涌现出一批具有高知名度、在业内具有较强的市场占有率的服装品牌，如杉杉、波司登、红豆、罗蒙、报喜鸟等。

　　目前全球纺织服装产业正在由发达国家向发展中国家转移，发达国家纺织服装工业规模趋于萎缩，但由于掌握着品牌和销售渠道，其竞争能力和盈利能力并没有受到太大影响。从目前国内服装市场来看，外国品牌在高端市场具有较大的垄断性，其竞争力主要体现在品牌管理、服装设计、生产工艺等方面；而国内服装企业主要定位于中低档产品生产和服装加工，出口竞争力主要来源于国内销售网络、人工成本、产品质量以及生产规模等方面。

　　2012年，不少服装企业出现订单下滑、业绩下降、大库存等种种问题，将行业推向调整的拐点，下一站走向何方，成为企业主最为关心的问题。当前服装产业，产品的同质化，店铺的同质化，运营模式的同质化，粗暴的模仿和野蛮的扩张，是将行业推向调整拐点的重要原因。在今后几年里，服装行业会有哪些新趋势、新变化值得我们关注和期待呢？

　　1. 向野蛮增长时代告别

　　过去三十年，中国服装业从生产订单驱动到品牌驱动，通过高举高打的营销模式和连锁加盟的快速渠道扩张，由弱到强，产生了不少知名服装品牌企业。随着零售店铺数量的饱和，大多数企业的业绩增长亦出现瓶颈。2012年，运动品牌出现的大量关店事件，就反映出这一势态。渠道规模的瓶颈，需要从零售效率上做突破了。从坪效角度来看，大多数服装品牌的坪效尚低于万元每平米每年，与国际品牌的3万～4万元每平米每年有着较大的差距。优化店铺结构、优化商品组合、提高店效仍然是众多服装品牌需要持续关注的内容。

2. M型社会结构

2012年11月份，人民网刊文称："我国收入最高10%群体和收入最低10%群体的收入差距，从1988年的7.3倍已经上升到23倍，行业差距达到8倍，地域差距近3倍。机关事业单位的退休金约为企业退休职工的2~3倍。"收入结构的两极分化，房价、物价的快速攀升，国内的社会结构已然呈M型结构。M型社会结构，有一个最大的特征就是贫富差距变大，消费能力呈Z字型，消费的商品从极贵到廉价快速过渡，中间层微乎其微。在此，要提醒一下瞄准国内"庞大的中产阶层消费群体"的服装企业，要重视国内M型社会的形成和Z型消费结构对未来消费趋势的影响。国内的男装企业尤其值得重视，与其一味地盯着中产阶层的钱袋子，在一条道上密集竞争，不如多关注一下中低收入的众多成熟男性消费群体的着装需求，开辟新领域。

3. 个性化消费

当定制遇上电商会怎么样？2012年，就出现了几家颇有特点的企业。其中有一家女装企业，最早做定制，消费者提供款式，网站根据分析面料、做工成本、佣金，然后报价给消费者。由于顾客提供的商品，标准化生产的难度大，成本无法摊薄，后来这家企业自己开发商品，将所有的款式上网向消费者开放，如同服装企业的订货会向零售商开放的一样，消费者下单，网站根据单子生产配送。再后来，这家企业开设了实体店，用于对接线上商品和线下体验。另一家是一家鞋企，消费者可以运用线上提供的鞋子的基本款式和素材，进行二次个性化定制；也可以分享自己的设计，由其他网友投票，如果别人购买你设计的鞋子，你可以得到相应的网站积分，集SNS和电商为一体。除了这些，还有西服、饰品、家具甚至装修的线上定制。阿里巴巴"总参谋长"曾鸣认为：未来互联网的发展，消费者的声音越来越强，未来的价值链第一推动力会来自于消费者，而不是厂家。曾鸣说，现在我们只是用技术的手段把零售环节做得比以前效率更高一点，而未来则从大规模定制走向小规模定制，柔性制造，满足小批量个性化的需求。从马斯洛需要层次理论看，消费的个性化就是自我实现的一种具体体现。服装业的柔性制造和小规模定制，前景可期。

4. 线上线下零售的融合

2012年，阿里巴巴的天猫和淘宝的交易额突破万亿元，网络零售成为一个不可阻挡的大趋势。当前，网络零售占整个社会零售额的5%以内，服装零售约占整体网络零售市场份额的三分之一，按社会零售额23万亿元测算，网络零售约在1.15万亿元左右，其中服装零售约3450亿元左右，这大约占到了整体服装零售额的15%左右。2012年，京东商城服装城，当当网的线上自有服装品牌和服装城，优购网的服装城，以及苏宁、国美的专业电器电商平台转向综合电商平台的过渡，各家电商的服装销售项目纷纷上马。在"双十一"（11月11日）当天，有上海的某服装企业甚至在顾客刚刚下单后半个小时就将商品配送到消费者的手里，线上和实体店的高度协同功不可没。同样，亦有某服装品牌给渠道商提供线上分销和线上零售解决方案，鼓励线下的零售商参与线上零售业务，实现线上销售线下库存共享和配送及服务的全程对接。线上零售不是为了替代传统实体零售而生，未来，线上线下的零售将相互融合，给消费者提供便利的购物体验和完善的服务，给企业创造价值。

5. 我国将成为世界服装企业必争之地

中国必然还是世界未来经济增长的一个引擎。从长远来看，只要收入在不断增长，中国内需市场必将进行本质性的转型，即从世界工厂转为消费大国。在这样的情况下，中国将成为未来世界上非常大的服装市场，所以，从外贸转型做内销是正确的。中国市场能够成为未来世界服装企业必争的一块胜地，也会是中国服装企业长大、能够走出去的摇篮。如果在这块土地上都无法成长，走出去就会非常困难。

日本的优衣库在一个不到 2 亿人口的国家2012年一年都做到将近 30 亿美元，现在中国做得最大的内销服装企业也不过接近 100 亿元人民币，但是中国拥有 13 亿人和快速增长的经济，中国未来一定会诞生两倍于优衣库的企业。

尽管国内外经济环境还迷雾重重，但体制创新、产业升级、城镇化进程的步伐都在加快，国内经济发展水平的区域不平衡性，这些都是服装产业值得期许的机会。我们有理由相信，抓住市场细分和线上零售的机会，迎合M型社会消费结构的变化和个性化消费崛起的变化，中国服装内需市场大有可为。

第二节　中国服装行业发展规划

在经济全球化的形势下，服装行业的竞争日益加剧，这对我国服装行业既是新的机遇和挑战，同时也是中国从服装大国建设服装强国的关键。建设服装强国的根本性因素是依靠服装科技生产力的跨越式进步，实现劳动生产率的大幅提高。

按照《国家中长期科学和技术发展规划纲要（2006—2020年）》关于科技工作"自主创新，重点跨越，支撑发展，引领未来"的指导方针，把增强自主创新能力作为科学技术发展的战略基点和调整产业结构、转变增长方式的中心环节，大力提高服装行业原始创新能力、集成创新能力和引进消化吸收再创新能力。服装科技涵盖了技术与艺术两个方面，两个方面相辅相成，缺一不可。根据行业客观现实，本着有所为有所不为的原则，分别以重点领域及优先主题、前沿研究、基础研究和人才培养四个部分作为服装行业科技发展指南，通过这些技术的突破和项目的研发、应用，全面提高服装行业的产品质量、服饰文化、设计水平、工艺与装备水平、管理水平、人才素质、信息化程度及公共服务能力，指导行业科技发展，推进企业的科技进步，带动整体产业升级。

一、重点领域及优先主题

重点领域，是指在服装行业发展过程中亟待科技提供支撑的领域。优先主题，是指在重点领域中急需发展、任务明确、能够较快突破的技术和项目。加强针对重点领域及优先主题的研究、推广及应用，为解决服装行业发展中的紧迫问题提供全面有力的支撑。

1. 品牌

品牌是一种无形资产，是产品附加值的总称，是一个企业及其产品的综合体，它涵盖了企业的创新能力、企业管理、市场定位、营销服务等多方面的综合特征。创建自主品牌是服装行业走向全球增值链高端的必由之路。

优先主题：

（1）国内外服装流行趋势预测研究

（2）自主服装品牌设计开发和营销推广研究

对于品牌的建设和运营，我国服装产品的生产加工能力和水平处于世界领先地位，设计开发和营销推广方面我们与世界服装强国还有较大差距，是创新的重点和难点。

（3）开展服装品牌的体系整合研究

通过对国内外服装品牌的类型细分、国内外同类品牌的体系建设比较，研究时尚文化在整合服装品牌诸要素中的作用，提出以服装品牌体系竞争力建设为核心的可行性建议。

（4）服装创意文化市场拓展研究

服装设计是文化创意产业中的一个类别。中国拥有几千年的文化储备，文化资源相当丰富，北京、上海等地均在兴建创意产业园区，加强服装创意文化的市场拓展研究，在创造财富与就业机会的同时，促进行业的整体提升。

2. 质量

质量是企业的生命。在日益激烈的市场竞争中，加强质量管理，提高产品质量，提高产品竞争力，已成为服装行业持续发展的重中之重。

优先主题：在线检测及成衣质量控制体系研究。

3. 自动化、信息化

快速反应能力是高新技术武装现代生产力和现代跨国生产方式的必然结果，也是生产适应现代生活方式的客观要求。快速反应能力的核心因素是信息化。

优先主题：

（1）柔性生产系统（FMS）

服装企业在缝制机械未实现自动缝制前，吊挂传输柔性生产系统是服装企业实现信息化的唯一绿色通道。立足引进消化吸收再创新，研制我国的FMS生产系统。突破吊挂传输的电脑控制技术，进行吊挂传输主轨道、工位轨道的改进创新，实现自主工位轨道自循环设计。

（2）气相免烫设备

免烫整理是服装加工必然选择的一项技术和工艺，市场前景看好。其主要研究任务是：① VP处理剂研制；② VP工艺设备技术；③ 连续式HP工艺与设备。

（3）服装CAD的电子数据标准格式及服装CAD市场准入许可制度

以美国服装行业电子数据交换标准AAMA为基本框架，制定中国服装CAD的标准电子数据交换格式以及建立服装CAD市场准入许可制度，引导服装企业选择符合国家标准的服装CAD系统。

（4）服装信息技术的集成开发及应用

通过对我国自主的服装信息产品的集成开发，孵化出适合我国各层次服装企业现状的信息化软件系统，突破具有数据交换和实时动态的接口技术，进行有效集成，形成配套的企业管理系列软件产品，在全行业推广具有快速反应功能的集成制造系统。同时，强调企业信息化建设与先进的管理理念紧密结合，通过信息技术的应用，来完善组织结构，优化业务流程，建立现代化的企业管理模式。

4. 国家服装用人体数据库

受现代数字化人体测量技术的限制，我国没有建立专业的服装用人体数据库，导致以人体数据为基础的服装号型研究等基础科学研究严重滞后，没有形成健全的原型系列、板型系列、人台系列等国家服装基础技术标准体系。

优先主题：

（1）数字化人体测量设备

国内已引进多家公司的三维人体测量设备，借助数字化手段，形成数据的采集、数据的统计分析、数据的专项应用等相关研究和实际应用在我国刚刚起步。在此基础上消化吸收再创新，加速数字化人体测量设备的国产化和应用软件的自主研发，并推动其在服装企业、行业的相关应用。

（2）建立国家服装用人体数据库

部分科研单位、高等院校和企业已经应用三维人体数据扫描仪开展了人体测量、数据分析及相关研究，但数据采集不够广泛，没有形成权威性。国家服装用人体数据库的建立应遵循"以企业为主体、产学研相结合"的原则，数据库应由若干区域性子库组成，需要国家相关单位、行业组织进行协调统筹，以实现数据的有效对接。

5. 标准

标准是科学管理产业的有效手段，是产业技术进步的重要标志。

优先主题：服装号型标准的修订。

我国20世纪70年代末制定的服装号型标准和规格标准，经过两次修订，在指导生产、引导消费等方面起了重要作用。由于近年来人民生活水平的提高，我国人体体型不断变化，现有的男、女装号型和儿童号型都处于需要再次修订的局面。此外，还要关注我国青少年和中老年服装号型的变化情况。

6. 产业链

21世纪的竞争将是供应链之间的竞争，加强产业供应链管理已成为世界性企业进一步提高竞争力的战略选择。

优先主题：

（1）面料

加强研究发展服装产品需求的面料，特别是高档面料。加强新面料、新纤维在服装产品中的应用及技术研究。要强调面料的流行色研究，面料流行风格的研究，面料舒适性与功能性及生态环保性研究，面料适应现代加工的整理技术研究等。加快相关标准建设，以此来推进绿色环保服装、功能性服装的研究开发。

（2）服装产业互动机制

建立服装产业上下游产业链互动机制，协调服装品牌企业与上下游产业优势企业的沟通、互动，着力打造一条名牌服装产业链，共同参与服装产品的终端推广活动，引导社会消费，推进自主原创品牌建设。

（3）服装物流及服装供应链整合

通过对服装物流的优化和服装供应链的整合，建立快速反应系统。

7．产业研究

随着国际经济一体化的进程不断深入，服装行业面临的国际国内市场环境、产业政策复杂多变。产业研究工作需要动态跟进、长抓不懈。

优先主题：

（1）WTO背景下的服装国际新贸易研究。

（2）加强国内外相关法律法规、产业政策研究。

（3）主要竞争国竞争力研究。

（4）全球服装贸易发展趋势及中国服装产业的全球发展目标研究。

（5）国内市场运行与变化趋势及中国服装行业发展战略（方针）研究。

8．服装科技创新基地与平台建设

根据中国服装行业发展的战略需求，依托具有较强研究开发和技术辐射能力的科研机构或大企业，集成高等学校、科研院所等相关力量，建设一批服装科技创新基地和平台，建立开放共享的机制和制度，全面加强对自主创新的支撑，促进技术进步和增强自主创新能力，发挥起带动服装行业结构调整和经济增长方式转变的引擎作用。

优先主题：

（1）搭建中国服装产业科技文化研发平台

中国服装产业正在进行着新一轮的产业升级，全行业正在推行新型工业化战略和品牌发展战略，组织、协调各个领域的力量，搭建中国服装产业科技文化研发平台，开展流行趋势、服装设计、服饰文化、服装营销推广、服装企业管理、服装品牌策略等方面的理论研究和应用研究，着力提高科学技术、自主原创品牌对行业持续增长的贡献率。

（2）构建中国服装企业科技评估平台

组织一支具有较高素质的专业化科技评估队伍和专家网络，构建中国服装企业科技评估平台，研究科技评估理论、方法、程序及指标体系，针对服装企业开展科技型企业认定与企业信息化、标准化、科技创新能力评估等工作。

（3）搭建服装行业标准化体系服务平台

搭建服装国内行业标准化体系服务平台，引导产学研联合研制技术标准，促使标准与科研、开发、设计、制造相结合。支持企业制定和参与制定国家、国际技术标准，加快国外先进标准向国内标准的转化，鼓励和推动我国技术标准成为国际标准。

（4）创办服装科技学术刊物

服装行业尚无一本专业性、高档次的学术刊物，无法满足业内广大技术人员的需要，制约了服装行业的持续发展。充分利用现有资源，努力创办权威、专业的中国服装科技学术刊物，搭建服装专业学术交流平台。

9．公共服务

服装行业具有明显的集群特征，是中国产业发展中"集群化"最突出的行业之一。中小企业占服装行业企业的绝大多数，中小企业的进步就是整个行业的进步。整合社会资源，加大公共服务的力度，提高公共服务的质量，解决服装产业集聚地及中小型服装企业的共性技术难题，推动整个行业的升级。

优先主题：

（1）搭建服装产业集群及中小型服装企业公共服务平台

基于互联网技术，研究面向产业集聚地及中小企业的公共服务平台服务内容，确定服务平台的服务模式、具体设置与配置，最终建成网络及网下服务中心。

（2）进一步健全服装标准化与质量体系

进一步健全服装标准化与质量体系，加强基础管理建设，针对行业产品的质量管理，检验部门尽可能地统一规范工作标准，包括对各国各类标准在执行或理解上的统一。开展针对检测业务的专题研究，提倡检验机构之间的学术研讨与交流，为标准的制定和修订积累素材。强调对培训资质的确认，防止检测技术培训的泛滥化，避免给企业以误导，为服装行业的健康持续发展保驾护航。

（3）服装科技高层论坛

依托专家委员会，举办服装科技高层论坛，最终把论坛办成集研究、交流、普及、服务等为一体的多功能组织。

二、前沿研究

前沿技术是指在服装行业科技发展中具有前瞻性、先导性和探索性的重大技术，代表世界服装科技的发展方向，对服装产业的发展具有引领作用，是未来服装科技更新换代的重要基础。

1．服装虚拟现实设计（VRD）

服装虚拟现实设计的主要研究内容是：①虚拟现实环境的技术；②数字化操作手套、数字化服装、数字化头盔显示器等设备；③研制虚拟现实设计软件。

2．大规模定制生产的实现研究

在现代制造企业中对服装企业来说，大规模定制生产模式是企业立足市场激烈竞争前沿永不言败的唯一制造模式。此项研究的完成需要找好企业主体，以规模型企业为重点进行列项研究，研究的主要任务是：①主体企业实现全面信息化技术；②按产品加工工艺进行信息技术模块化设计与组合；③完成虚拟制造与定制系统设计。

3．电子商务

依赖互联网的电子商务，由于其具有使贸易流程简化、能超越时空限制、成本低和利润大等特点，成为21世纪各国经济新的增长点。对服装行业、企业和个人消费者来说，"B to B"和"B to C"电子商务研制和实现条件基本成熟，国家正在加大法律支持力度，因此要加强其研制和实现，促进其应用和推广。

三、基础研究

基础研究是服装科技发展的源泉，是服装行业持续健康发展的动力和保障。

1. 服装基础科技体系建设

以人体数据采集技术和国家服装用人体数据库为基础，加强号型系列、原型系列、板型系列、标准人台系列等国家服装基础科技体系建设。

2. 服装舒适性基础研究

依托服装院校基础研究中心的现有资源，结合企业的需求，针对我国服装业的主要市场销售区域的人体体型进行收集和分类研究，并结合企业生产的实际需求，确定急需研究的服装品种，如内衣、功能性服装等，研究体型分类与这些服装之间的关系，解决服装产品设计中的舒适性问题。

3. 加强国际标准、国外先进标准与国内标准的比对研究

随着经济全球化和市场一体化的进程不断深化，我国服装标准体系要随之实现由生产型向贸易型转变。加强国际标准、国外先进标准与国内标准比对研究，了解发达国家已颁布的有关服装系列产品的一系列法规和条例，研究应对措施。

第三节　服装企业工业化生产流程

服装的生产过程是一个对材料进行再创造的过程，早已不再是以个体裁缝的单件缝制作为唯一的形式。工业化批量生产是以流水作业的方式加工完成，服装各基本衣片和辅料经过预先确定的工序，最终加工为成衣。

工业化服装是按照一定的工艺标准，通过规定的工序流程，将成批的面料生产为消费者买后即可穿用的服装成品。

成批生产的"工业化"服装，具有以下特点：

（1）利用专业科学知识进行标准化连续生产；

（2）有效利用人力、物力及各种专业化、机械化、自动化程度较高的设备，提高服装的生产效率及质量；

（3）服装的生产成本相对较低，价格适中。

服装的工业要求包括经济要求、加工要求两个方面。

经济要求：

（1）合理利用材料；

（2）减少服装制作的劳动量。

加工要求：

（1）成衣系列化；

（2）成衣规格化；

（3）适合批量生产。

服装生产流程的内容涉及服装企业生产加工服装产品时的每一个环节，其内容包括：服装生产前的准备，生产中的裁剪、粘合、缝制、熨烫、后整理等工艺，还有生产后的产品包装、品质检验、货品物流等过程。

一、生产前的准备流程

1. 商品规划

根据市场销售情况、时装情报以及流行预测情报等，确定企业生产何种产品、每种产品达到的生产数量等计划。

2. 款式图

企业用于生产的图纸应包括服装效果图。所有面料小样，色彩、图案等内容，画有服装正面背面的结构图。此外，服装设计人员进行款式设计时，还需考虑服装成品的成本预算， 如：面料、辅料费用，加工费、运输费及生产周期等的结算。预算管理以用料为基础，结合材料的性能，如缩水性、自然回缩率等进行合理调整，还必须考虑到生产过程中材料的正常损耗。

3. 绘制纸样

此阶段是一项关键性技术工作，不仅关系到服装产品能否忠实地体现设计者的要求和意图， 同时对服装加工的工艺方法也有很大的影响。

目前， 纸样绘制方法主要有原型法、比例分配法、立体裁剪法等。

4. 试制样衣

纸样绘出，需通过制作样衣，检验纸样设计是否合乎要求及订货的客户是否满意。 如果不符合要求，则应进行分析：若是设计院的问题，需重新设计款式； 若是纸样的毛病， 需修改纸样。直到制成的样衣符合要求为止。

5. 绘制生产用样板

根据确认的样衣纸样和相应的号型规格、系列表等技术文件，绘制基型样板，并推出所需号型的样板。基型样板的尺寸常选用中心号型（如170/88A）的尺寸。在此基础上按照号型规格列表进行推板，最后得到生产任务单中要求的各规格生产用系列样板，供排料、裁剪及制定工艺时使用。通常样板制定好后要由企业生产技术部门、产品开发部门中有丰富经验的专业人员进行审核。审核后的样板应做好记录，并在样板四周的关键部位加盖样板审核验讫章，而未经审核通过盖章验讫的样板，一律不准交付使用。

6. 制定工艺

根据服装款式或订单的要求，依据服装产品国家标准，以及企业自身的生产状况，由技术部门确定产品的生产工艺要求和工艺标准、关键部位的技术要求以及辅料的选用等内容。此外，技术部门还制定出缝制工艺流程等有关技术文件，来保证生产有序进行。

7. 验布和预缩

面料进厂后，必须经过验布工序，这是服装成品质量的基本保证。在服装生产投料前，必须对使用的材料进行数量复核、疵病的检验、伸缩率测试、缝缩率测试、色牢度测试、耐热度测试工作，了解材料性能的有关数据和资料，以便在生产过程中采取相应的工艺手段和技术措施，提高产品质量及材料的合理利用，节约材料，降低生产成本。经检验的面料，如果收缩变形较大，还需进行预缩处理，以避免服装成品的规格尺寸与标定的规格尺寸产生较大差异。通过核查避免裁剪后出现无法挽回的质量问题，把住批量裁剪的第一道质量关。

二、生产中的流程

包括裁剪、粘合、缝制、整烫"四大"工艺流程。

1. 裁剪流程

（1）"分床"

制订裁剪方案时，要先决定某批生产任务需在几个裁床上完成，每个裁床铺几层面料，每层面料上排几个规格，每个规格排几件，以免造成不必要的浪费。

（2）排料

是指按确定的裁剪方案将裁床上所有的衣片样板进行科学的排列，在尽量提高面料利用率的同时，还要考虑裁剪的难易程度等加工因素。

（3）铺料、裁剪

当排料图被确认无误后，铺料、裁剪的任务是按照排料图的长度和裁剪方案所确定的层数，将面料平铺到裁床上，用相应的裁剪工具将面料裁成所需的衣片。

（4）验片、打号和分包

经裁刀裁出的衣片不能立即送入车间，为保证裁片的质量，还应检查所有的裁片是否符合裁剪工艺要求。为防止各匹或同匹面料间的色差影响成品外观，需对裁片进行打号，确保同层同规格的裁片缝合在一起。

2. 粘合流程

为使服装外表挺括美观，在某些部位需粘相应的粘合衬布。裁片在进入缝制车间之前，使用粘合设备对需加粘合衬的裁片进行粘合加工。要保证粘合工艺所加工的产品的质量，首先就要对粘合工艺所使用的基本材料粘合衬进行检验；其次，还应选择好粘合工艺参数，因为粘合衬、面料、粘合设备都影响粘合工艺参数的设定。在粘合完成后还要做好粘合质量的检验。

3. 缝制流程

缝制在整个服装生产过程中是一个技术性较强也较为重要的工序，其质量的好坏直接关系到成衣的质量。主要任务是按照款式的要求，通过合理的缝合，将各个裁剪的衣片组合成一件完整的服装。在生产过程中，各裁片缝制的方法和加工顺序与单件制作有很大不同，服装各零部件不能被随意缝合，必须由技术人员或管理人员先制定出相关的工艺流程和标准、工时定额、工序编制方案文件，然后将各加工部件按照要求布置相应的作业员，进行组合加工。

缝制流程的管理主要包括产前检查、缝制标准的检查和缝制设备的检查。为保证最终产品具有较高的质量，在整个缝制过程中，要加强中间熨烫（小烫）和中间检验工序，力求将不合格产品的数量控制在最低点。

4. 烫整流程

缝纫车间加工的成品，仍为半成品，因在加工过程中受到挤压操搓等外力，易出现皱褶和压痕，影响成品外观，需经过熨烫工序对服装进行整烫。整烫工艺主要是对成衣进行加工处理，使其达到理想的外形。为了保证产品质量，对于整烫工艺的管理应注意熨烫设备的日常保养及设备工艺参数的调节。对于整烫技术要求应做到"三好"、"七防"，即：熨烫温度掌握好，平挺质量好，外观折叠好；防烫黄，防烫焦，防变色，防变硬，防水渍，防极光，防渗胶。

三、生产后的流程

服装产品生产完成后，成品在出厂前，还应经过严格的质量检验及整理包装等工序，保证出厂的服装外观平整挺括、干净整洁，而且没有污渍、线头等影响产品质量的杂物，提高服装档次。服装的后整理工作包括污渍整理、折皱平整、色差辨识、布疵修理、毛梢整理及断针的检验。对于产品的包装则既要使其起到宣传、美化、保护产品的作用，又要便于运输、携带和储存。

经整烫的服装产品需经最后检验，通过终检确定合格的产品，经清扫整理后，包装待运。不合格产品，需修整再作处理，终检时要按照产品标准严格控制，不让残次品混入正品中，以免影响企业信誉。

第七章　服装行业人才需求现状

第一节　服装行业人才现状

服装行业内大体可以分为两大人群：一是包括服装制版师、服装设计师、色彩搭配师等在内的偏重于操作技能的人；二是包括服装营销、销售等在内的偏重于管理的人。目前，中国有5万多家服装企业，服装设计专业的学生就业前景广阔。

设计总监的职责是负责服装企业每季的设计方向，并制定相关的消费人群、服装定位风格等策略问题，是全局的掌舵人。所以，成为一名设计总监并不容易，需要服装设计专业本科毕业，具有5年以上品牌服装的设计经验，了解国内及国际服装市场，其薪酬自然也很丰厚，从8000元到20000元不等。服装行业的发展朝着行业细分的方向走，正是由于市场细分，服装设计师也开始细分，虽然他们的主要工作仍然是负责每季新产品的设计，但是已经细分到行业，如女装设计、童装设计、牛仔装设计等。月薪为4000~8000元左右。

服装打版师属于服装行业中最紧缺的一个行当，技术含量最高，需要具备将设计师的平面款式图转换为三维立体服装的绝活。一般来说，打版师需要是正规服装学校毕业，有3~5年成衣加工经验的，了解国内人体尺寸和版型的人才。薪酬可拿到5000~8000元，最高年薪可以拿到20多万元。一个有5年以上工作经验的优秀服装制版技术总监常常"万金难求"，有的年薪甚至比设计总监还高。

服装营销人才负责服装品牌发展和市场营销工作，所以除了要懂得市场营销，还要了解服装设计、服装市场，甚至是国际的服装潮流，才能为服装营销方向作出准确的判断，为企业当季销售制订计划。同时，由于目前受过专业培训的人不多，因而这类人才就成为了市场的"稀缺品"。如果是具有营销专业本科以上学历，有从事服装企业营销经验，了解服装设计和服装市场状况的人才，月薪可以达到4000~6000元。

职业岗位群	工作职责	岗位要求
服装设计岗位 （女装、童装、制服设计师、设计助理）	1．根据公司总体战略规划及年度经营目标，围绕商品部制订的产品计划，制订公司各服装品牌的年度产品开发计划。 2．对公司产品与营销中心沟通，进行销售跟踪，提高产品市场竞争力；与板房、生产部门沟通，进行设计调整，提高产品质量。 3．负责相关技术、工艺文件、标准样板的制定、审批、归档和保管。 4．负责与设计开发有关的新理念、新技术、新工艺、新材料等情报资料的收集、整理、归档。	1．2～3年以上服装公司品牌及相关职业经验。 2．服装设计专业大专及以上学历，熟练操作 cad，ps，illustrator 等设计软件。 3．具备时尚理念，熟悉各种面辅料，能及时把握流行资讯并进行系列产品策划设计。 4．具有敏锐的市场捕捉能力，设计贴合市场。 5．为人正直，有良好的沟通技巧和团队精神，富有工作激情与创意思维。
服装制版岗位 （制版师、制版助理）	1．按设计师的要求做出新板，确定尺寸及效果。 2．对不同质地、不同肌理的面料，对纸样做出不同的细节处理。 3．对裁板、车板过程中所发现的异常问题的沟通和解决。 4．样板文件的制定、审批、归档和保管。	1．2～3年以上相关工作经验。 2．熟悉各种面辅料，掌握各种面辅料对版型的要求。 3．熟悉各类服装的版型、尺码、标准设定、工艺设定和生产流程。 4．熟练使用电脑制版。 5．为人正直，细致耐心，吃苦耐劳，有良好的沟通技巧和团队精神。
服装制作岗位 （工艺师、品管助理、跟单员）	1．工艺制单设计要求对各个部位详细列明，要求透彻到位。 2．针对新款核查唛架，准确用料。 3．负责制定生产工艺流程、作业指导书；制定材料消耗工艺定额、标准工时定额。 4．对进货、生产、出货质量进行监控。 5．与版师沟通，优化工艺。	1．2～3年相关工作经验。 2．熟悉各种面辅料，具有独立进行各类服装裁剪、制作的专业知识与技能。 3．熟悉生产流程，具有一定的进出口贸易专业知识。 4．良好的理解能力，细致耐心，吃苦耐劳，良好的沟通技巧和团队精神。

（续表）

职业岗位群	工作职责	岗位要求
服装营销岗位（陈列师、市场督导、营销策划、终端店长、终端导购、时尚买手、时尚编辑）	1. 负责产品的营销策划与广告推广。 2. 维护现有客户，密切沟通，了解客户最新需求，积极开发新市场。 3. 负责零售终端的展示陈列和组织管理。 4. 对销售数据进行分析整理，相关资料归档。 5. 实现销售计划，完成销售目标。	1. 1～2 年相关工作经验尤佳。 2. 及时收集和反馈客户需求，提高客户管理水平和管理质量。 3. 创新设计意识强，熟悉各种面辅料，具有一定的审美观念、时尚观念，对店铺布局陈列实操应用能力强。 4. 为人正直，细致耐心，吃苦耐劳，有良好的语言文字表达能力、沟通技巧、组织能力和团队精神。

第二节　服装企业人才职责描述

一、财务部

（一）财务部工作职责

1. 负责建立公司会计核算的制度和体系；

2. 按期做好年、季、月度财务报表，做到账表相符、账证相符、账账相符；

3. 做好成本核算，负责组织公司财务成本和利润计划的制订和实施；

4. 负责对各部门资金使用计划审核和对使用情况实施监督，管好用好资金；

5. 对往来结算客户随时清理，督助相关部门及时催收款；

6. 严格执行财务管理规定，审批报销各种发票单据；

7. 对公司经济活动进行财务分析，向总经理提供综合性财务分析报告和根据工作需要向部门提供专项财务分析报告。

（二）财务部编制

财务部定编3人：设总监1人，主办会计1人，出纳员1人。

（三）财务部各岗位职务说明书

1. 财务部经理职务说明书

职务名称：财务部总监。

直接上级：总经理。

直接下级：会计、出纳员。

管理权限：在总经理授权范围内行使对公司财务的处理权。

管理职责：全面负责财务部的工作。

具体工作职责：

● 贯彻执行国家的财经政策和本公司主要负责人对财务工作的要求，以及制定本公司的财务规章制度；

● 对各项资金的收付进行严格的审核把关；

● 负责安排本部门人员的工作，并进行检查、总结、督促和配合财务人员及时处理账务，按期编报会计报表和有关会计资料；

● 负责对本公司生产经营情况和财务收支情况的计划提供参考资料，协助有关部门编制计划，参与审核并监督执行；

● 负责进行本部门的业务技术学习和交流，注重和同事的团结，共同完成各项工作任务；

● 负责配合采购部门理顺原、辅材料的进出仓管理操作，在此基础上负责搞好成本核算工作；

● 尽可能收集、整理会计资料并进行定期或不定期的分析和比较，针对影响预期计划指标的重大问题，会同有关人员深入调查，提出改进经营管理的措施和建议；

● 按年、季编写财务情况说明书，重大问题及时向总经理汇报；

● 负责建立各部门物资财产登记簿，并监督实行，每半年清点一次；

● 每月抽查成品仓5个产品、原料仓2个产品、附料仓3个产品的账物是否相符，并作出记载；

● 每月对财务报表进行盈亏情况分析、销售业绩分析、产品进出仓数量分析；

● 根据公司现状及费用，划出盈亏平衡点警戒线；

● 对账务全面把关，不允许因疏忽而造成公司财务上的损失。

职务要求（任职资格）：

● 财会专业本科毕业，拥有会计师资格证书；

● 五年以上工业企业主管会计工作经验；

● 道德品质好，责任心强，工作认真细致。

2. 主办会计职务说明书

职务名称：主办会计。

直接上级：财务部总监。

管理权限：受财务部总监委托，行使公司会计核算和有关财务监督权力。

工作职责：

● 按规定的会计科目设置总账，进行会计分录、汇总凭证、登记总账和明细账，做到账证、账账、账表相符；

● 负责全部记账凭证的复核和检查，按权责发生制原则处理各期、各部门分摊的费用、成本；

● 负责签收出纳移交的全部收付款凭单，并进行复核和审查；按月盘点出纳现金库存，并作出恰当处理；

● 负责审核各部门交来的凭单；按月追收各部门应交财务凭单；对收到的各项报表进行复核、整理，编制汇总报表；

● 负责按月审核编造各部门人员工资；

● 负责按月核对往来账户，及时处理已明确的差异数据；

● 负责对会计凭证进行整理归档；

● 负责销售增值税专用发票管理；协助经理办理各项税务事项和相关部门的财务事项；

● 积极完成领导交办的其他工作。

任职资格：

● 财务专业大专以上学历、会计师职称；

● 三年以上工业主办会计经验；

● 有服装工业会计经验优先。

3. 出纳员职务说明书

职务名称：出纳员。

直接上级：财务部总监。

管理权限：对不符合审批手续的支出有拒付的权限。

工作职责：

● 按规定要求建立现金日记账和银行存款日记账，并按规定要求登记；

● 审核所有支出凭证，对符合审批手续的支出凭证按规定付款；

● 负责收款事项；

● 负责编制收付存移交表，按时向主办会计移交现金和收支凭单；

● 负责公司资金安全，按月和主办会计盘点现金，按月核对银行存款发生额和余额；

● 积极完成领导交办的其他工作。

任职资格：

● 中专以上学历，财会专业毕业（或有出纳员工作经验）；

● 工作负责、细心。

二、设计开发部

（一）设计开发部工作职责

1. 根据公司总体战略规划及年度经营目标，围绕商品部制订的产品计划，制订公司各服装品牌的年度产品开发计划（款式开发计划、打板计划等），并按计划完成设计、打板任务；

2. 对公司现有产品与营销中心沟通，进行销售跟踪，根据市场反馈的情报资料，及时在设计上进行改良，调整不理想因素，使产品适应市场需求，增加竞争力；

3. 负责组织产品设计过程中的设计评审、设计验证和设计确认；

4. 负责相关技术、工艺文件、标准样板的制定、审批、归档和保管；

5. 建立健全技术档案管理制度；

6. 负责与设计开发有关的新理念、新技术、新工艺、新材料等情报资料的收集、整理、归档。

（二）设计开发部编制

设计开发部设：设计总监1人，板房主管1人，首席设计师2人，设计师3名，设计助理3名，板房助理1名，其他职位视工作需要增减。

（三）设计开发部各岗位职务说明书

1. 设计部总监职务说明书

职务名称：设计部总监。

直接上级：总经理。

直接下级：首席设计师、板房主管。

管理权限：受总经理委托，行使对产品开发业务的指挥、调度、审核权和对本部门员工的管理权。

管理责任：对设计开发部工作职责履行和工作任务完成情况负主要责任。

具体工作职责：

● 负责公司各品牌的定位、形象、风格的制定，各季产品的开发并组织实施，对公司各品牌产品的畅销负重要责任；

● 每年在第一季前应制定第二年的产品风格及结构，三月份交营销总监审核，营销部、设计开发部两方达成共识后投入设计及试制；

● 每季新产品样板必须提前半年试制完成，交营销部审核；

● 负责对部门内人员进行培训、考核；

● 负责开发部日常工作的调度、安排，协调本部门各技术岗位的工作配合；

● 负责纸样、衣样、制单工艺技术资料的审核确认、放行；

● 负责组织力量解决纸样、车办工艺技术上的难题；

● 负责与营销部门沟通，提高所开发的产品的市场竞争能力；

● 负责与生产部门沟通，保证所开发的产品生产工艺科学合理，便于生产质量控制，有利于降低生产费用；

● 负责组织本部门员工对专业技术知识和新工艺技术的学习，不断提高整体技术水平；

● 负责制定本部门各岗位的工作职责、工作定额、工作规章制度，并负责检查、考核。

职务要求（任职资格）：

● 大专以上学历，服装专业毕业；

● 丰富的实际工作经验，从事设计、板房、服装生产管理工作五年以上。

2. 首席设计师职务说明书

职位名称：首席设计师。

直接上级：产品开发部总监。

直接下级：设计师、设计助理。

管理权限：受总监委托，全面负责分管设计部门的日常工作管理任务。

管理责任：对设计部门工作职责履行和设计部门的工作任务完成情况负主要责任。

具体工作职责：

● 负责制订设计作业计划并组织实施；

● 负责设计人员的培训、考核；

● 负责设计部门的日常工作调配、安排，协调本部门各人员以及同板房的工作配合；

● 负责组织解决设计存在的薄弱环节；

● 负责把握公司品牌服装的风格与定位，并着重提前开发每季度的服装款式；

● 负责组织本部门人员对市场的调查及提前掌握每年的流行趋势，以确定本品牌服装的设计方向；

● 负责跟踪所开发的产品与市场流行趋势相吻合；

● 负责对设计师所设计的图纸进行审核、确定、放行。

3. 设计师职务说明书

职务名称：设计师。

直接上级：首席设计师。

工作职责：

● 了解市场流行趋势，根据公司品牌的风格与定位以及消费者的需要进行设计；

● 按计划负责设计完成款式效果图；

● 负责对自己设计款式的要求做好打样前所需的资料等工作；

● 对初板的审定跟踪，以及确定款式、打板；

● 配合纸样师对款式的尺寸及工艺要求的确定。

4. 设计助理员职务说明书

职务名称：设计助理员。

直接上级：首席设计师。

工作职责：

● 根据设计师的要求，负责描图、配色、调色等辅助设计工作；

● 收集主、辅料市场信息，受设计师指派采购合适的主、辅料；

● 设计图纸，资料收集、整理、归档、保管；

● 负责"OK样板"的登记归档和保管；

● 领导交办的其他工作。

5. 纸样师职务说明书

职务名称：纸样师。

直接上级：板房主管。

工作职责：

● 按设计师的要求做出新板，经审核批板后，按规范画出实样(含修剪样)；

● 负责每个新板的正确尺寸及效果的确定；

● 负责做到对于不同质地、不同肌理的面料，对纸样做出不同的细节处理；

● 负责对裁板、车板过程中所发现的异常问题的沟通和解决；

● 按要求填好各新板的表格、制单等，并存档留底；

● 在工作过程中，必须直接与设计师配合，沟通解决所出现的问题。

6．工艺师职务说明书

职务名称：工艺师。

直接上级：板房主管。

工作职责：

● 工艺制单设计要求对各个部位详细列明，要求透彻到位；

● 样板、工艺单、纸样要经副经理审批、经理批准方可下到裁床和车间；

● 针对新款核查唛架，准确用料，其中会经纬纱线路、唛架空间、核查裁片（辅助副经理工作）；

● 负责各款制单、纸样存档留底，不可以散乱丢失，以备查询；

● 负责制定生产工艺流程、作业指导书，制定材料消耗工艺定额、标准工时定额；

● 开货前负责详细讲解各部位工艺要求，包括其可能出现的问题，并将其贴在样板上；

● 抽查车间成品，核查尾部成品尺码是否准确，杜绝错码现象。

7．裁板工职务说明书

职务名称：裁板工。

直接上级：板房主管。

工作职责：

● 负责新板面料（含新款各色面料）必须先试出各缩水率，放出硬样，确保大货尺码准确，在工艺单上注明缩水率；

● 核实样衣、纸样的块数是否一样；

● 根据纸样要求正确裁片好每一件样板；

● 核实样衣用料，做好各项要求的记录工作；

● 协助车办的配片工作及布匹的退仓处理工作。

8．车板工职务说明书

职务名称：车板工。

直接上级：板房主管。

工作职责：

● 必须严格根据纸样师要求，确定制作工艺，及时节出新款，并要求做好工艺流程、每道工序的详细记录，并把需注意的地方作一个重点说明；

● 对自己的产品必须自检自量，以最好的质量交办；

● 在制作过程中发现存在异常必须及时与纸样师或主管沟通解决。

9. 板房助理员职务说明书

职务名称：板房助理员。

直接上级：板房主管。

工作职责：

● 资料图片的复印；

● 成品样办理进出登记、签收程序；

● 面料、物料领用登记；

● 纸样的保管，样衣纸样的归档；

● 完成每月统计表；

● 负责协助板房的日常工作管理。

三、品管部

（一）品管部工作职责

1. 负责贯彻落实公司质量方针和质量目标，策划、组织公司质量管理体系的运行维护、绩效改善；

2. 负责公司各种品质管理制度的订立与实施，"5S"、"零缺陷"、"全面质量管理"等各种品质活动的组织与推动；

3. 负责对各部门品质管理工作进行内部质量审核；

4. 负责进料、在制品、半成品、成品的品质标准、品质检验规程和各种质量记录表单的制定与执行，对出仓产品的质量负全部责任；

5. 负责全员品质教育、培训；

6. 负责各种质量责任事故的调查处理和各种品质异常的仲裁处理，配合营销中心对客户投诉与退货进行调查处理。

（二）品管部人员编制

品管部定员2人：经理（副）1人，品管助理1人。

（三）品管部各岗位职务说明书

1. 品管部经理职务说明书

职务名称：品管部经理。

直接上级：总经理。

直接下级：品管助理。

管理权限：受总经理委托，对全公司的品质工作行使策划、指挥、指导、审核、控制、监督的权力；

管理职责：对公司质量管理体系符合ISO9000系列标准要求和出库产品质量负主要责任；

具体工作职责：

● 在总经理的直接领导下，负责公司质量方针、质量目标的贯彻落实，公司质量管理体系的运行维护、绩效改善，努力改善全公司的品质管理工作，对公司产品质量负主要责任；

● 负责公司各种品质制度的订立与实施、品质活动的执行与推动；

● 组织品控、品检人员学习专业技术知识，关心他们的思想和生活，培养一支高素质的品控、品检队伍；

● 负责进料、在制品、成品品质标准、检验规程的制定与执行，监督指导IQC，PQC，OQC的工作；

● 负责公司品质异常的仲裁及处理，协助营销部门对客户投诉与退货的调查、原因分析及改善措施拟定；

● 不合格预防和纠正措施的制定、督导及执行；

● 检验器具的校正与控制；

● 产品设计与打板的质量控制和客供品的管制；

● 品质资讯的收集、传导、回复，品质成本的分析、控制；

● 负责全员品管的推行，对各部门工作进行内部质量稽核；

● 对原材料供应商的评估和外发加工的评估。

职务要求(任职资格)：

● 大专以上学历，服装、纺织类专业毕业或相当水平；

● 熟悉ISO9000族标准，有内审员资格证书；

● 五年以上服装行业工作经验，三年以上品管经验。

2. 品管助理职务说明书

职务名称：品管助理。

直接上级：品管经理。

管理权限：受品管经理委托，有对产品与服务的品质的独立判定权，对不合格品有临时管制权。

具体工作职责：

● 协助品管部经理行使进出检验的监督职能，定时抽查复检进出货，审查、整理、保存进料、成品检验的记录表单，在进料、成品检验中发现的不合格现象得到纠正前，控制不合格品的转序；向品管部经理提出控制进货、成品检验中发现的不合格现象再发生的方法；

● 协助品管部经理完成在生产中控制质量的职能；整理、分析、保存工序检验的记录表单，在工序检验中发现的不合格项得到纠正前，控制不合格品的转序；向品管经理提出有关方法，控制工序检验中发现的不合格现象重复发生；

● 负责样衣、裁片检验；

● 品质资料的整理、归档。

四、市场部

（一）市场部工作职责

1. 制订并执行公司年度整体市场营销计划、推广计划。
2. 负责促销方案的审核及整体规划与每个目标季的促销方案的制订及下达。
3. 制订与执行新品上市计划。
4. 制订及实施针对加盟商、店员、店长培训的计划和方案。
5. 负责制定本部门的管理制度并实施。
6. 负责制订本部门的综合工作计划，经批准后执行。
7. 负责销售终端图纸设计、道具配置支持及改进、衣架配置。
8. 负责不断建立和完善科学系统的营销网络和督察体系。
9. 负责产品手册、销售手册、推广手册、招商手册以及陈列手册的编制。
10. 负责网站的维护、ERP系统的正常运行以及网购业务。
11. 负责品牌文化的建设。
12. 负责货品陈列及督导。
13. 负责销售队伍建设及管理，依据业务发展，制定员工的招聘、培训、调配、评估与激励制度。

（二）市场部各岗位职务说明书

1. 市场部经理职务说明书

直接上级：营销副总。

下属科室：直营零售组、渠道管理组、陈列组、培训组。

岗位职责：

●建立职业化的营运督导团队，制定本部门专业化工作流程，负责统筹规划市场部各职能岗位的工作流程、工作内容，明确工作方向和工作思路。

●协调本部门内部及与其他部门的业务关系，确保各项工作的顺利进行。

●制定并实施市场部年度规划及月度工作计划，填写工作日志并审核下属的工作计划，监督部门内员工工作计划的执行。

●完善公司会议制度，主持市场部例会和月度总结会议，并督导各下属单位对会议工作的执行。

●制定市场营运相关制度，统一工作标准，负责督导销售终端的规范管理，如货品管理、店务管理、人员管理、终端形象管理、促销管理、顾客管理、报表管理、安全管理等。

●执行和落实公司品牌形象要求，组织部门力量进行监督和检查。

●调查品牌区域发展状况，分析市场潜力，协助营销总公司制定后期市场发展规划。

●合理控制费用，准确把握预算费用与实际费用的差异，审核下属的借支、报销等事宜。

●负责部门员工的管理、绩效评估及业务指导和培训工作。

●完成上级领导安排的其他工作。

2. 直营零售组、渠道管理组、陈列组、培训组各岗位职责

（1）直营零售主管

直接上级：市场部经理。

岗位职责：

● 负责直营零售团队下属的工作分派及所管辖店铺人员的梯度建设。

● 协助市场部经理制定部门工作流程及相关业务流程。

● 积极与全国自营网点所属销售公司进行业务联系，帮助解决营运过程中出现的问题，跟进直营店铺年度及月度销售指标，并督促和跟进指标的达成。

● 协助市场部经理制订直营单店销售计划。

● 根据销售分析、货品分析，提交合理的促销建议、货品配送建议及单店销售提升建议

● 整理零售督导实地考察及分析意见，向上级领导或相关部门提交渠道评估和建议。

● 调查品牌区域发展状况，分析市场潜力，协助营销总公司制定后期市场发展规划。

● 每周至少1次对南京路或常熟方塔街直营店进行现场巡铺，扶持、指导、评估专卖店的日常营运，及时处理、整改存在的问题，并做好记录。

● 及时解决专卖店营运过程中出现的问题，对专业性较强，需其他部门解决的问题，必须及时向市场部经理汇报，并跟进落实，确保专卖店营运规范化、正常化。

● 组织并监督直营网点促销前会议，制定会议内容，跟进督导对促销活动的具体组织实施。

● 直营店铺新店开业、重大节假日、新季货品上市、促销活动期间到店扶持工作。

● 参与公司陈列、培训工作的执行和实施。

● 完成上级领导安排的其他工作。

①外埠零售督导

直接上级：直营零售主管。

岗位职责：

● 负责所管辖的外埠自营店铺人员的梯度建设指导。

● 积极与管理店铺所属销售公司进行业务联系，帮助解决营运过程中出现的问题，跟进直营店铺年度及月度销售指标，并督促和跟进指标的达成。

● 定期出差到终端店铺，依据公司终端店铺形象标准，落实店铺陈列表现，指导终端店长及员工完成店铺的陈列换场工作，并做好后期评估。

● 协助培训主管完成管辖店铺的相关业务培训。

● 帮助指导管辖店铺的店长完成专卖店的日常营运管理。

● 重大节假日、新季货品上市、促销活动期间到店扶持工作。

● 对渠道终端做实地考察并作相应的分析，对已有市场从合理布点及渠道优化原则进行相应评估和建议。

● 及时反馈专卖店营运过程中出现的问题，对专业性较强，需其他部门解决的问题，必须及时向零售主管汇报，并跟进落实，确保专卖店营运规范化、正常化。

②直营大店零售督导

直接上级：直营零售主管。

岗位职责：

● 负责所管辖店铺人员的梯度建设。

● 负责所管辖店铺促销活动的具体组织实施及跟进工作。

● 负责对所管辖店铺的到店现场扶持、指导和督促店长完成专卖店的日常营运管理。

● 及时解决专卖店营运过程中出现的问题，对专业性较强，需其他部门解决的问题，必须及时向零售主管汇报，并跟进落实，确保专卖店营运规范化、正常化。

● 重大节假日、新季货品上市、促销活动期间到店扶持工作。

● 依据公司终端店铺形象标准，落实店铺陈列表现，协助陈列专员完成店铺的陈列换场工作。

● 协助培训主管完成管辖店铺的相关业务培训。

③零售内勤（直营零售）

直接上级：直营零售主管。

岗位职责：

● 配合零售督导完成相关业务工作。

● 在零售督导业务出差期间，承担督导交接之管理工作，并积极与店铺所属销售公司进行业务联系。

● 接受终端信息反馈，收集处理或向相关部门反馈相关业务问题。

● 汇总建立各零售终端的相关信息，建立店铺档案。

● 跟进直营店铺货品配送、调拨、退货管理，保证直营店铺货品物流顺畅。

● 负责直营店铺每周销售数据的上传工作和跟进，每周提报区域销售分析，提出促销建议。

● 定期保持与商品部同事的货品销售动态交流、信息共享。

④自营大店人事专员

直接上级：直营零售主管。

岗位职责：

● 负责直营店铺人事招聘录用工作，应聘人员证件资料的鉴别、安排面试、录用通知。

● 负责直营店铺人事档案管理，新员工人事档案于每月月底统一上报总部人力资源部。

● 负责直营店铺考勤管理，每月3日完成月度考勤汇总表，经领导签字确认后上报人力资源部核算工资。

● 负责直营店铺人事统计工作，办理员工入职/离职/异动手续并建档，每月5日完成人事流动报表、月度转正/调薪/新聘/离职人员汇总表，经领导签字确认后上报总部人力资源部。

● 负责直营店铺员工关系维护和沟通，了解员工动态，及时反馈信息。

（2）加盟渠道零售主管

直接上级：市场部经理。

岗位职责：

● 负责渠道管理团队的下属工作安排及科室工作统筹。

●协助市场部经理制定部门工作流程及相关业务流程。

●督促客户档案的建立及整理业务工作。

●督促零售督导跟进各加盟渠道终端商品上市计划及终端销售达成。

●根据店铺销售分析，提交合理化的促销和货品配送建议，对店铺促销活动的具体组织实施进行跟进。

●引导并督促加盟渠道店铺的店铺硬件形象和店铺服务形象建设，使之达成公司统一的标准形象。

●及时解决渠道专卖店营运过程中出现的问题，对专业性较强，需其他部门解决的问题，及时汇报，并跟进落实，确保专卖店营运规范化、正常化。

●参与公司对终端渠道营运人员陈列、培训工作的执行检查。

●对渠道终端做实地考察并作相应的分析，对已有市场从合理布点及渠道优化原则进行相应评估和建议。

●执行公司拓展计划和拓展政策，协助营销总公司对直营店及加盟店的开发评估。

●调查品牌区域发展状况，分析市场潜力，协助营销总公司制定后期市场发展规划。

●协助培训主管完成对加盟商的相关培训工作。

●完成上级领导安排的其他工作。

①加盟渠道零售督导

直接上级：加盟渠道零售主管。

岗位职责：

●跟进渠道客户销售、加盟客户管理、日常沟通、信息反馈及服务工作，建立客户档案。

●指导所管辖加盟渠道店铺营运管理人员梯度建设。

●跟进各加盟渠道终端商品上市执行。

●协助营销总公司落实渠道店铺年度及月度销售指标，并跟进各终端销售达成进度。

●根据店铺销售分析，提交合理化的促销和货品配送建议，对店铺促销活动的具体组织实施进行跟进。

●引导并督促对渠道店铺的店铺硬件形象和店铺服务形象建设，使之达成公司统一的标准形象。

●及时解决渠道专卖店营运过程中出现的问题，对专业性较强，需其他部门解决的问题，及时汇报，并跟进落实，确保专卖店营运规范化、正常化。

●协助培训主管完成管辖店铺的相关业务培训，对终端渠道营运人员陈列、培训工作的执行进行检查，并做好后期评估。

●执行公司拓展计划和拓展政策，对渠道终端做实地考察并作相应的分析，对已有市场从合理布点及渠道优化原则进行相应评估和建议。

●定期出差到终端店铺，依据公司终端店铺形象标准，落实店铺陈列表现，指导终端店长及员工完成店铺的陈列换场工作。

●重大节假日、新季货品上市、促销活动期间到店扶持工作。

②区域内勤（加盟渠道）

直接上级：加盟渠道零售主管。

岗位职责：

●配合零售督导完成相关业务工作。

●在零售督导业务出差期间，承担督导交接之管理工作，并积极与加盟客户进行业务联系。

●接受终端信息反馈，收集处理或向相关部门反馈相关业务问题。

●汇总建立各零售终端的相关信息，建立店铺档案。

●跟进加盟渠道店铺货品配送、调拨、退货管理，保证加盟渠道店铺货品物流顺畅。

●负责加盟渠道店铺每周销售数据的上传工作和跟进，每周提报区域（单店）销售分析，提出促销建议。

●定期保持与商品部同事的货品销售动态交流、信息共享。

（3）陈列主管

直接上级：市场部经理。

岗位职责：

●负责陈列团队下属工作的合理分配及科室工作统筹。

●协助市场部经理制定部门工作流程及相关业务流程。

●依据公司品牌形象定位，制定货品陈列标准。

●根据渠道产品销售需求，会同相关部门及时制定陈列方案。

●根据渠道货品陈列标准进行终端形象维护考评。

●检查终端店铺日常陈列工作，对每季店铺陈列表现进行评估总结，完善终端形象表现。

●负责项目部展厅陈列工作。

●协助培训主管制定陈列培训教材，定期组织终端人员进行陈列培训。

●完成上级领导安排的其他工作。

陈列主管的下属为陈列专员，其岗位职责是：

●接受陈列主管的工作指导，负责对直营店铺进行定期换场陈列执行。

●负责直营店铺的陈列监督和维护工作。

●协助陈列主管进行展厅陈列。

●负责直营店铺陈列道具、物料的跟进工作。

●负责店铺宣传物料的更新工作。

●协助陈列主管进行陈列方案及相关培训资料的制定。

●协助陈列主管进行终端形象维护考评。

（4）培训主管

直接上级：市场部经理。

岗位职责：

● 制订终端营运培训计划。

● 协助市场部经理制定部门工作流程及相关业务流程。

● 负责部门终端营运管理培训方案的制订。

● 负责市场部相关培训资料的整理与编写。

● 组织协调部门内部员工各项培训工作的实施。

● 负责合理安排培训资源，进行合理分工，并适时聘用外部培训讲师。检查讲师培训质量和教学效果。

● 组织协调相关部门实施终端新品上市、营运管理等培训工作。

● 负责自营店铺（南京路、常熟方塔街店）新员工的岗位培训工作，

● 收集终端培训需求反馈信息，不断优化培训组织形式与培训方法。

● 完成上级领导安排的其他工作。

（5）销售数据分析员

直接上级：市场部经理 。

岗位职责：

● 负责公司各项配货、补货、调拨、退/换货指示信息的传达，统一部门内各业务岗位的货品管理行为，保证销售终端货品管理顺畅。

● 负责各市场的年度经营状况测算，协助市场部经理规划各市场的销售计划。

● 统一检查各终端销售数据上传工作，及时督促相关业务人员完成店铺销售数据整理。

● 定期分析各区域销售数据，形成销售周报，根据分析结果，跟进各区域市场的销售执行进度，并给予相应的提醒和建议。

● 根据部门要求和特定时期（重大活动及节假日）进行专项货品分析，评估促销推广活动效果。

● 定期分析重点店铺的销售状况，分析及汇总各终端阶段产品销售排名，说明原因并作出相应预测，与部门内业务人员分享。

● 定期保持与商品部同事的交流、信息共享。

● 部门内所有分析数据、资料的汇总保管。

● 完成上级领导安排的其他工作。

第八章　相关服装企业求职宝典实例

第一节　2014年耐克企业求职宝典

一、企业概况

1. 企业名片

公司全称：耐克公司。英文名称：NIKE Company。公司总部：美国俄勒冈州。创办时间：1963年。产品类型：服装、鞋类。

世界500强排名：2012年世界500强第136位。

公司官网：www.nike.com.cn。

2. 企业简介

NIKE正式命名于1978年。其前身是由俄勒冈大学毕业生比尔·鲍尔曼和校友菲尔·奈特于1963年共同创立的蓝带体育用品公司(Blue Ribbon Sports)。它超过了领导品牌阿迪达斯、彪马、锐步，被誉为是"近20年世界新创建的最成功的消费品公司"。NIKE公司的利润从1985年的1300万美元上升到1994年的约4亿美元，NIKE1994年全球营业额达到近48亿美元。在美国，有高达七成的青少年的梦想是有一双耐克（NIKE）鞋。

（1）企业规模

成立之初，耐克（NIKE）公司只是一家很小的公司，老板加员工不到20人。但经过不断地发展壮大，如今，耐克（NIKE）公司的生产经营活动遍布全球六大洲，在全球各大城市的购物广场，你总能看见耐克（NIKE）的专营店，而其员工总数则达到了22000人，与公司合作的供应商、托运商、零售商以及其他服务人员接近100万人。耐克（NIKE）公司自1986年以来股票收益率每年平均增长47％，在1986~1996年期间，《财富》杂志排出在全美1000家公司中，该公司排在前10名之内。其秘诀何在？如果深入研究该公司的理念就会发现，敢冒风险、打破常规、标新立异是公司创造奇迹的重要原因。《财富》杂志资深研究员加里·哈梅尔说，企业创新的动力来源于思想的创新、企业理念的创新，就是在现有的行业改变竞争核心的能力，以及创造全新行业的能力。这将成为全球企业下一个根本性的竞争优势。在一个越来越非线性的世界里，只有非线性的战略才能创造出巨大的新财富。这种战略理念的调整不是每一个企业都能做到的。它会给企业造成阵痛，不首先从企业文化进行变革，就跨不出这一步，越来越多的公司在证明这一点，并将继续证明这一点。

不断改革创新、实施营销新策略是耐克（NIKE）制胜的法宝，也是所有行业和企业制胜的法宝。过去十几年，虽然一些大公司创造了巨大的财富，但是与耐克（NIKE）这些在企业文化和企业形象上不断创新的公司相比是不可同日而语的。当百货业中的守旧公司注意力集中在改进供货链，并对生产线作大量无足轻重的扩展时，富有创新精神的公司则在创造全新的产品种类和零售概念。1995年4月到1996年4月期间，与互联网有关的公司其资本总额从几乎零的水平增加到了将近两年100亿美元。

（2）耐克（NIKE）在中国

1980年，耐克（NIKE）进入中国，秉承Local for Local(在哪里，为哪里)的观念，将先进技术引入中国，致力于本地人才、生产技术、销售观念的培养，取之本地、用之本地，在中国取得了飞速进展。在中国，耐克（NIKE）公司不仅支持中国足球事业的发展，还关注青少年的发展，推出了"我梦想"大型青少年体育系列活动，首创中国3对3篮球赛、耐克（NIKE）高中男子篮球联赛、耐克（NIKE）青少年足球超级杯赛、4对4青少年足球公开赛等活动。耐克（NIKE）不仅仅将美国NBA明星请到中国，随着中国篮球运动员姚明和易建联登陆NBA，中国元素也成为耐克（NIKE）进一步赢得中国市场的重要策略。不仅推出了昂贵的生肖Air force 1系列，还邀请中国球员担当广告代言人。登陆美国NBA联赛的中国年轻运动员易建联为耐克（NIKE）所做广告的广告语是："你可以15岁加入职业联赛，你可以入选国家队，你可以连夺 3 次冠军，你可以成为 MVP，但这还不够。因为你可以是——不断走向下一步的自己。Just do it，只管去做。"耐克（NIKE）的因地制宜策略为它在不同市场的扩张计划起到了强有力的支持作用。

3．企业文化

"体育、表演、洒脱自由的运动员精神"是耐克追求的个性化的公司文化。这个具有鲜明特征的公司文化一反传统观念的企业形象，是由公司创始人菲利普·耐特创立的。

4．核心业务

从产品的角度来说，耐克（NIKE）是一家集体育用品的生产和销售于一身的大型服装类公司。其产品大概有以下几大系类：

（1）Nike Mercurial系列

耐克（NIKE）最具匠心的足球产品闪亮出炉，从此彻底改变了足球靴的外观设计。对于耐克（NIKE）而言，这项创举的结果就是诞生了Mercurial SL：190克的重量使 Mercurial SL荣登耐克（NIKE）最轻足球靴的宝座，而且它也是迄今为止反应最快、韧性最强且最牢固的足球靴。整款鞋简约至极，没有丝毫多余设计，同时未曾损失任何性能。 从一开始，Mercurial SL就不是为了售卖而设计的，它的设计初衷与概念车一样：引领创新、发掘新想法、推动设计与工程的界限。但是，Mercurial SL在打造具有震撼效果的新概念的同时，耐克（NIKE）公司发现，将这些创新思想和产品带给运动员将会更有意义。

（2）Nike Tiempo Legend系列

Nike Tiempo Legend，被足球鞋迷们称为"传奇"。Legend在足球鞋消费市场中，就如同在汽车消费市场上一样，自从诞生，就从没缺少过销量，每次换代，必将引发讨论和关注的热潮，着实算得上是一个永续的足球鞋"传奇"。

第三代Legend分为四个级别，共有五种鞋底(名品就是不一样，全家族上市，气势相当恢弘）。四个级别从高到低分别是：Tiempo Legend，Tiempo Classic，Tiempo Mystic，Tiempo Natural。五种鞋底，除了中低端的IC平底室内底和TF碎钉底，另外三种是长钉，分别是SG，AG，FG。

新款Tiempo Legend IV 融合了十七年来不断改进的工艺，意在造就永恒的质量。Tiempo 代表触感、传承和工艺，众多优势集于一身。它为满足当今精英球员的需求而不断地改进。

Tiempo是耐克（NIKE）足球DNA的一部分，肩负秉承传统元素的责任，同时不忘寻求创新。

Tiempo Legend IV 球靴拒绝依赖往日的辉煌。相反，它正在酝酿着一个开创荣耀并且振奋人心的未来。鞋舌、后跟、鞋钉和鞋带上充满活力的橙色细节不仅保持了其一贯的高超工艺，也是充满创新的演变。

（3）Nike T90 系列

T90是足球赛场上最具杀伤力的战靴，能够为热爱进球的前锋提供极高的精准度。它所采用的独特的shot-shield 技术，可让球员随心所欲地进行攻击，而不会以牺牲精准度为代价。当接触到球时，Nike T90的脚背护翼可对球产生持续的压力，在高速度下实现绝佳精准。此外，整形记忆泡棉使战靴表面更为平滑，在直接射门时可增强力量和精准度。鞋面中部弯形的鳍，每个鳍均有针对性地设计斜线和尺寸，让球员可以更好地控制球的转向。

T90采用合成材料鞋面，大底采用前掌柱状钉、后掌刀钉，保证稳定性的同时减轻脚的压力；侧系带设计，避免对脚面血管的压迫。

（4）Nike CTR360 系列

CTR360具有优异的首次触球能力，可为球员提供突破传球和瞬间掌控的优势。CTR360的外底配有双密度鞋钉，再加上其独特的鞋钉几何设计，使脚底可以更好地停球和控球；同时，其人造袋鼠皮制成的鞋帮专为接球和分球而进行最佳设计。

NIKE的主要经营范围包括：吸收公众存款；发放短期、中期和长期贷款；办理国内外结算；办理票据承兑与贴现；发行金融债券；代理发行、代理兑付、承销政府债券；买卖政府债券、金融债券；代理发行股票以外的有价证券；买卖、代理买卖股票以外的有价证券；资产托管业务；从事同业拆借；买卖、代理买卖外汇；结汇、售汇业务；从事银行卡业务；提供信用证服务及担保；代理收付款项及代理保险业务；提供保管箱服务；财务顾问、资信调查、咨询、见证业务；经中国银行业监督管理机构批准的其他业务。

5. 行业地位与竞争对手

（1）行业地位

耐克（NIKE）作为体育用品界的后起之秀，曾经面对过诸多品牌的挑战。但耐克（NIKE）凭借其独有的设计风格和对市场信息的准确把握，最终在其成立不到十年的时间里销售额就一举达到美国第一的巨大成就，成为体育用品界的一大霸主，从此引领体育时尚界的潮流至今。

（2）竞争对手

耐克（NIKE）的主要竞争对手为：阿迪达斯，PUMA，Kappa。

阿迪达斯
阿迪达斯（adidas）是德国运动用品制造商，adidas AG的成员公司。以其创办人阿道夫·达斯勒（Adolf Adi Dassler）命名，在1920年于接近纽伦堡的赫佐根奥拉赫开始生产鞋类产品。1949年8月18日以adidas AG的名字登记。 　　在运动用品的世界中，adidas 一直代表着一种特别的地位象征，而这种象征有人称之为"胜利的三条线"。自1948年创立至今，adidas帮助过无数的运动选手缔造佳绩，成就了不少的丰功伟业。因此，adidas也可以说是集合了众人信赖及尊敬的最佳典范。

PUMA
PUMA的鞋与服饰在嘻哈涂鸦文化中，在美国内外都受到极度欢迎。 PUMA也与adidas同为20世纪七八十年代嘻哈文化的代表物之一。 　　现今已有65年历史的运动服装品牌,在世界范围内具有第一线的号召力和影响力。PUMA 65年来的历史一页页地写在伟大的运动成就上。PUMA 陪伴球王贝利夺取世界冠军、陪伴网球好手贝克尔在温布尔顿的草地称雄。 与最顶尖的运动员合作，并不断地追求以最新的技术制作最佳的运动装备。创办人鲁道夫·达斯勒在1948年建立了PUMA这个德国品牌，数十年来PUMA一直在运动界位居要角，近几年来更成功地结合流行/运动跃升为年轻人最爱的品牌之一。

Kappa
Kappa品牌符合市场规律的正确的品牌定位,使Kappa在世界范围内的业务量正享受着高速增长。令人难忘的广告语"He who loves me follows me"，使Kappa的品牌形象不断得以提升。而自2002年Kappa品牌进入中国市场以来，其"运动、时尚、性感、品位"的品牌定位以及相得益彰的市场活动，也使Kappa品牌越来越受到时尚一族的青睐。 　　Kappa品牌的持有者BasicNet开发出了不同的款式，使得Kappa品牌不断出现在媒体上；还有包括对知名流行歌手和摇滚乐队的赞助，具有亲和力的外在表现和崇尚年轻人文画的影响力是Kappa品牌获胜的法宝。 　　目前，Kappa以特许经营和直接分销的方式已经进入欧洲、亚洲、美洲、大洋洲和非洲的60多个国家和地区。

二、薪金内幕

薪酬组成情况如下表所示：

薪酬组成	具体内容
薪酬	（1）基本工资（进行年度调整，使其具有行业竞争优势）； （2）年终双薪； （3）管理人员享有公司全球激励方案，包括股权计划； （4）骨干员工还可获得留任奖金。
福利	（1）有弹性的福利计划：随市场变化而进行定期评估，使员工真正享有自己希望的福利待遇。同时，提供多种选择，以适应个人、家庭的不同需求，促进健康生活方式的形成。 （2）补充福利计划：住房资助计划、交通津贴、公司班车、免费午餐、36个月的人寿意外伤亡险、免费年度体检、节日奖金、教育补贴等。 （3）医疗政策：范围扩大至员工及其子女、配偶。员工及其家属在医院门诊看病、住院时，均可使用专特需门诊。
奖励	公司一年两次设立如下奖项，以奖励为公司和社区作出特殊贡献的员工：卓越奖、公民奖、项目奖。

三、网上应聘申请流程

1.登录耐克官方网站相关招聘链接

2.Register Online and Upload Resume

网上注册并提交简历

3.Online Psychometric Assessment

在线能力测评

4.First Round Interview & English Test

首轮面试和职业英语水平测试

5.Assessment Center & Final Interview

评估中心和最终面试

6.Offer

录用通知

四、笔试与面试

1. 笔试真题

真题共包括三个部分（内容来自于参与笔试者的信息分享）：

（1）表：类似于SHL的numerical，貌似有4题样题，不计时，全部做对后开始正题，记不大清了，好像是24题24分钟？反正这部分差不多要30分钟。

（2）形变化题：类似于宝洁的那种网上测试，上面五张图有各种几何图案在变化，其中一幅空出来是问号，问下面几个选项里哪个可能是上面问号处的图形，比较简单，24题12分钟，所以30秒一题。这部分15分钟左右可以完成。

（3）性格行为测试：250道题，要求最好30分钟内完成，其实我貌似只用了20分钟，建议大家先看下门户网站上一些有关这个测试的信息，有个3月25日版本的样例，可以看到有哪些方面的项是这250道题的，每项10分，很多的，自信、领导力、表达力、外向度、果断、武断、组织自律性、处事成熟度、情绪控制能力、一致性，等等，不赘述了，自己去看下！当然，还是be yourself最重要。这个测试应该是每个用户只用做一次，然后所有的公司应该都通用了，不过他家公司还很少啦！

2. 笔试经验

我今天刚刚更新完简历，也做了测评。跟大家讲讲我碰到的问题，我做测评的时候(就是在测评中心下面)，做完最后的职业性格测试并提交后，网页就报错了，弄得偶很不安。于是就打了个长途到北京（010-51655733，我上海的），接电话的 MM 态度很不错，她说一般这种情况就是已经成功了，她说她们家的系统反应会有点延迟。我于是就发了封信过去，挺快的，大概10分钟不到，就回信说：你好，系统已经接收到您测评完成的数据了，测评已经成功提交。我也就放心了。大家如果有问题的话也可以发信过去。那个MM说，后台可以帮你查的。关于简历，因为我手快先按了确认申请再更新简历，所以就很担心公司最后收不到我的完成版的简历。所以就问了那个客服MM，她说不要紧的，因为现在的简历都在数据库里，还没有给NIKE，所以随时更新都可以滴。

好了，这个就是偶今天长途电话的收获。跟大家分享一下，也算没有白费长途费呵。

3. 面试经验

面试环节一上来就翻来覆去绕着我的简历转，做过的所有实习、社会经历以及获得的荣誉等等，教育背景也略微提了一下，问得蛮细的，做什么，获得些什么，最后什么结果。看过我的简历也应该知道我的简历也不算太差，所以他们还是挺满意的。后来就像两个大姐姐在和我聊天一样，聊得很愉快。问了老花样的几个问题，有没有可能留下来，算不算NIKE的正式实习生，待遇如何。最后他们问我为什么穿正装去面试，而不先看看公司的文化等等，出来后感觉这个问题我回答得最好，他们应该挺满意的。出来前又想到一个问题，就是什么时候给答复，他们说最快这周五，一般要下周，不管拒还是接受都会打电话通知，定心了。他们还问了我和一帮姐姐们在一起工作没问题吧，呵呵。

4. 面试小贴士

（1）关于备考

①有的公司面试前有资格审查。记得要带身份证、学生证、毕业推荐表及其复印件、英语四六级证书及其复印件和奖励证书及其复印件。

②熟悉自己简历的内容，根据简历思考可能会遇到的问题及自己的答案，一定要真实。

（2）关于领导小组面试

①这个面试非常重要，它考验你在一次讨论中担当了什么角色，一个是组织者，一个是记录者，一个是时间观察者。所以你需要做到其中的一项。争取得到LEADER跟PRESENTER的位置，要积极主动发言，不能随意附和，不然，你就 OUT 了。

②面试做自我介绍时，最好能记住小组成员的名字，如果记性不好，就拿笔和纸记下来，起码有个大概印象，或者索要对方的名片。

（3）关于心态

①相信自己，乐观而积极，先不要太挑剔，机会和选择多的时候，自己会有主动权。

②坦诚。面试等候时，曾有考官跑来对大家说，把你最真的一面展现出来，我们不会要看不透的人。

③当你自己和应聘单位真正契合的时候，你拿到offer就是水到渠成的事情。不要因为面试的落败而深深沮丧，其实只是说明彼此不适合罢了。找准自己的定位最重要。

④放低姿态，做一个谦和但持有个性的应试者。

⑤笔试、面试抱一颗平常心，尽力而为，不要过多关注别人表现如何，不要拿别人的所谓的士气灭自己的威风，不要过分关注自己的完美表现。

⑥要注意面试表达的逻辑性和语速（中等即可），表达要恰当、谦虚、礼貌、自信。

⑦注意细节，水平都差不多，就看谁的细节做得好。比如，对引领员说谢谢，进屋要等考官允许才"坐下"，并回馈以"谢谢"，面试结束后起身说感谢的话等。

⑧注意言行举止，从你进入的那一刻起就要注意了，面试可能已经开始了！

⑨任何时候都不要绝望，应届生有机会一定要努力抓住！

⑩注意着装和仪容仪表，不要标新立异，而且发型最好要严肃一点，不要太休闲那种，女生化妆不要太浓，自然一点就好了。

（4）关于自我介绍的答题思路

①个人专业知识的角度。专业知识上的优势有两种：一种是学习成绩上的优势，另一种是实际操作能力上的优势。

对于成绩好的应届考生，当然在回答该问题时，可以在陈述中提到自己的在校成绩，用优异的在校成绩来证明自己专业知识上的优势。在这里，有一个很关键的点就是，考生要把自身所取得的优异的在校成绩主要归功于在校老师的辛勤培育以及个人的勤奋，切忌说"自己天分高"、"接受能力强"或"从小到大成绩都比较优秀"之类的话，这类话一旦说出就会给人以"自视过高"的印象，不利于在面试中获得高分。

而对于成绩一般的应届考生，那么回答该问题的时候，就要注意不要给面试官一个在校期间"无心向学、不勤奋、不热爱本专业"的感觉。在涉及专业知识上的优势时，应该突出自己比较注重专业知识的实际运用，要强调自己热爱本专业的知识，但注意力应集中在实际运用方面，并且强调在学习专业知识过程中得到了老师的关照和爱护，学到很多很实用的知识。对于学习成绩不特别好的原因，考生可以这样回答：原因是自己本身考试的方法相对比较薄弱，不大会考试，而自身的学习注意力很多时候没有在考试题目上，所以一定程度上影响了考试成绩，但自身对考试的态度是很认真的，同时老师对自己的教育很好，自己在校所学已经可以适应社会的要求。

对于非应届考生来说，就需要强调自身毕业后从事的是与本专业相关的职业。要告诉考官，自己是一个幸运的人，自己在毕业后遇到了很专业很有水平的领导和同事，得到了他们的许多帮助，在工作中学到许多专业知识，自己在毕业后提高了很多。而自己刚开始参加工作的时候，由于工作经验不够，许多在校的专业知识无法很好地应用在工作中，但有了工作经验后，自己已能很好地把专业知识应用在工作中，所以自己从专业知识的角度是很适合该招考职位的。

②个人性格的角度。谈到考生的个性是否适合招考职位，那就要从企业职位对考生个性要求的共性和个性分别着手分析了。从职员性格的共性上看，有几方面共同的要求："谦虚谨慎、沉着冷静、胆大心细、敢于承担责任、团结而顾全大局、服从上级"，考生在做自我陈述的时候就要把这些要求融合在答题中。同时，也要关注不同职员性格的个性，对于这方面的准备，考生在面试前就要回顾报考时招考职位的具体要求，是分配到哪个部门、哪个岗位，是否要派往外地工作等等，以及要上网站查询报考单位的具体业务，从这些单位的业务信息及招考职位信息中来找到具体职位对面试者性格上的特殊要求。总之，要有针对性地体现自己的性格无论从企业所需性格的共性还是个性上看，自己都是适合从事本职业的人选。

③个人经历的角度。这里的个人经历从时间段上来划分主要是指两个方面：学校经历和工作经历。

对于应届毕业生来说，主要的经历当然是指学校经历，在学校中的经历则主要有工作经历、学习经历、获奖经历、勤工助学经历等。

学校中的工作经历主要分为：学校团委工作经历(团干部)、学生会工作经历(学生会干部)、社团工作经历(社团干部)、班集体的工作经历(班干部)。对于考生来说，这部分的陈述应该有所侧重，重点谈自己最辉煌的一面。这里有一点需要强调的是，如果面试的考生在校期间的学生工作经历非常丰富，几乎遍及各个方面，那么请注意，切不可陈述时间过长，挑最有代表性的部分来说就可以。陈述时间过长一方面显得累赘，另一方面有可能让面试考官觉得考生在"炫耀"，易引起考官的"不好印象"，不利于面试中获得高分。

学校中的学习经历主要是奖学金的问题，如有获过奖学金，可以略为陈述；如没获过奖学金，则可以避免谈这方面的问题。

学校中的获奖经历，这里包括体育、文艺、科技方面的奖项，有一点需要注意的是，不需要罗列具体的获奖项目。这样的罗列完全没有必要，因为完整具体的获奖经历在考生的资料中已有显示。对于上述的情况，实际上正确的表述方法应该是："本人获得过一些相关比赛的奖项，在某方面有一定特长，可以从事（胜任）某工作。"

对于勤工助学经历，可以说很多人都忽视了这方面的内容。实际上这种经历很能体现考生的一种精神、一种毅力，那就是考生在经济不宽裕的情况下，仍然可以靠自己的努力完成学业，这种经历本身就是一个值得赞扬的经历，考生如能很好地体现自己这方面的经历，应该是可以获得不少的印象分的。

对于非应届毕业生即在职人士来说，工作经历就要作为侧重点来陈述，这里要特别强调的一点是，要侧重于团队合作的经历及自己组织协调方面的经历。总之，一个大的原则就是考生不能让考官感觉是个人能力很强，但团队合作不行，在集体协作的情况下能力不突出。对于行政机关来说，真正需要的职员，应该是素质过硬、纪律性协作性很强的人。通俗地说，就是自己素质不错，在集体中能发挥更大的效用。这里要突出强调的一点是，不要谈跳槽，不要谈以前自己怀才不遇，不要谈自己过去领导和同事的不足或缺点，不要谈过去的工作薪水不高。要告诉考官，过去的经历是美好的，给自己的发展和能力的提高有很大的帮助。

第二节　2014年绫致时装求职宝典

公司全称：绫致时装。英文名称：BESTSELLER。公司类型：快速消费品。公司总部：丹麦。创办时间：1975 年。现任经营者：Troels Holch Povlsen。开展业务：设计和销售适合都市女性、男性、儿童及青少年的流行时装和饰品。经营规模：旗下 12 个品牌，在全球 40 多个国家拥有 5200 多家零售店。世界 500 强：是。员工数：约 12000 人。

公司官网：http://www.bestseller.com.cn/index.htm。

一、企业简介

绫致时装（BESTSELLER）于1975年始建于丹麦，创始人为Troels Holch Povlsen。绫致公司设计和销售适合都市女性、男性、儿童及青少年的流行时装和饰品，旗下拥有 VERO MODA、ONLY、VILA、OBJECT、JACK & JONES、SELECTED、TDK、PIECES、EXIT、NAME IT/NEWBORN、PH INDUSTIES和 PHINK INDUSTRIES等12个品牌，在全世界 27个国家设有1600多家直营店，目前有员工约12000 人分布在29个国家的 35 个分支机构；另有近7000 家加盟代理店在经营BESTSELLER品牌。

BESTSELLER没有自己的加工厂，他们与选定的供应商进行密切的合作，这些供应商主要分布在欧洲和亚洲；与此同时，BESTSELLER有50多名设计师进行服装款式设计和流行趋势跟踪。在中国，公司主要经营 ONLY、VERO MODA、SELECTED和 JACK & JONES四个品牌，从1996 年进入中国，公司成长迅速，目前已拥有近400家直营店和300多家代理店。

最初，BESTSELLER集中全力开发流行女装，几年间，BESTSELLER在时尚女装市场发展势头强劲。1987 年，BESTSELLER开始引入童装产品线。随后不久，又于1989年推出男装品牌。早在 1975 年公司创业之初，BESTSELLER就确立了自己的服装质优价廉的特性，并且将这一特性保留至今。

1. 企业文化和社会责任

公司宗旨：每一个人都应该受到尊重。我们按照自己希望被对待的方式去对待他人，己所不欲，勿施于人。

BESTSELLER希望自己的产品在注重人文、环保的环境中，以规范健康的方式生产加工；同时，也希望公司在业务发展的同时不忘回馈社会。因此，BESTSELLER在2002年整理制定了"BESTSELLER行为准则"。"BESTSELLER行为准则"并非是全新的理念，它是在公司十大信条基础上衍生发展出来的。

BESTSELLER的信条：

- 诚信 We are honest
- 勤奋 We are hardworking
- 忠诚 We are loyal
- 合作——合作使我们战胜一切 We are cooperative—together we are the best
- 商业思维 We are business minded
- 注重成效 We want to see results
- 去繁就简 We want simple solutions
- 不想当然 We do not take everything for granted
- 信守承诺 We always keep our promises
- 追求卓越 We want to be the best

2. 行业地位与竞争对手

（1）行业地位

BESTSELLER是欧洲最大的时装集团之一，目前业务已覆盖全球29个国家，超过12000多名员工为BESTSELLER工作。

（2）竞争对手

竞争者：优衣库、衣恋、百家好等。

优衣库
UNIQLO 是日本著名的休闲品牌,是排名全球服饰零售业前列的日 本迅销(FAST RETAILING)集团旗下的实力核心品牌。坚持将现代、简约自 然、高品质且易于搭配的商品提供给全世界的消费者。而其所倡导的"百搭"理念，也为世人所熟知。

衣恋

　　衣恋公司是韩国最大的时装流通公司。衣恋良好的品牌、别具一格的卖场装潢、优质的服务展示了公司独特的企业文化。衣恋致力于通过创新的知识经营系统，为消费者提供独一无二的价值。2006年公司的销售额达到40亿美元。

百家好

　　百家好时装有限公司由韩国百家好事有限公司全额投资，其品牌始创于1996年，2004年休闲装销量居韩国榜首，2005年在韩国证券期货交易所成功上市，目前已在日本、美国、沙特阿拉伯、亚美尼亚、俄罗斯、科威特等国家设立了营销机构，成为超越韩国国界的国际性时装企业。

二、薪金内幕

　　绫致的总部在北京，天津是一个较大的物流中心以及注册地，销售培训师的职位应该是直接向天津的零售经理汇报。

　　其在中国的4个品牌中销售培训师的待遇都是不同的。每个月你会有基本工资加销售奖金，但是绫致的外服公司很一般，并不能如你所想象的好。

　　绫致公司今年已经面临很严峻的挑战，公司人才大幅流失，不过对于工作经验不太丰富且在服装行业没有太长时间，但是又想在服装行业有所发展的人来讲绫致是个不错的选择。但是工作压力不可想象的大，竞争异常激烈，还请做好心理准备！

　　另外，双休作为零售行业是不太可能的，据我认识的导购过年能回家的都很少。五险一金要看公司和你谈的如何，一般公积金是给上的，但是要看级别，北京总部的员工是全部要上的。

三、员工培训与职业发展

1. 人力资源政策

来自 HR 的建议：

　　我是绫致一个部门的负责人，最近参与了几次MT的宣讲和面试，发现了很多有趣的事情，让我觉得有必要上网来看一下，和大家分享一些东西，针对大家最关心的几个问题我倒可以给出几个参考答案：

　　（1）公司背景

绫致其实是BESTSELLER集团在华的全资子公司，其拥有BESTSELLER集团旗下品牌在华的经营权。由于是最早进入中国的服装品牌之一，所以公司的本土化率非常高，也包括了绝大多数的中高级管理职位。但公司的企业文化和管理方式依然保持了欧洲风格，提倡自由创新。其负责任的工作态度是我个人非常喜欢的。

（2）面试流程问题

部分同学觉得面试流程等待复试时间太长，那是因为面试是个筛选流程，越到后面的复试，越需要各大部门的主管以及经理来进行面试，而主管和经理本身有自己的工作事务，如果不巧碰到有出差计划，那间隔一两个星期其实是很正常的。有的同学为了面试在交通费用上有很大支出我也很能理解，很欣赏你对面试很重视的态度，个人建议如果在就业城市或地点上有比较明确的目标，可以考虑长期驻住当地。

（3）店铺工作

这是大家歧异最多的部分。为什么会有MT在店铺工作的内容？首先在绫致乃至BESTSELLER集团，任何新员工的店铺工作都是一个传统，集团创始人托奥波森先生在丹麦开设第一家店铺的时候也亲身参与店铺的各项事务工作，当进入公司后你们就会知道很多公司的高管在当年有着几个月乃至几年的店铺工作经验。

其次，在销售终端的工作会学到很多店铺营运知识，在以后的管理工作中也能很直观地知道销售终端发生的问题，并且设身处地和店员们一起找到解决方式。举个例子，在IT部门工作的同事，通常理解IT就是管电脑的，但在我们的IT部门在得知店铺货品系统中发生某个系统操作的问题时能很快知道这个问题对店铺运作有多大的影响，并很好地找到替代或解决办法，其他与店铺工作密切相关的销售管理、店铺陈列管理、培训管理等等就更不用说了。

最后，也是最实际的说法，就目前我的了解，管理培训生的薪酬是接近初级管理级别的待遇。从这当中可以看到公司对于MT计划的希望和定位，如果公司需要"廉价导购"也就没必要在MT计划中这样做。抱着养尊处优态度的同学也会失望，因为店铺的工作是充满竞争的，报酬中的相当一部分是要通过自己的努力来争取获得的。

店铺工作的时间长短也取决于在店铺中的工作表现，有工作1~2个月的，也有工作半年以上的，在长达几十年的职业生涯中其实这只是很短的一段时间。我想给予消极评价的同学多少抱着一蹴而就的想法，这种期望是好的，但这种态度很可怕，无论今后在哪个公司或哪个行业。当然，店铺工作期间也是个双向选择期，基于公司能够很直观地看到MT成员的沟通交流能力、协调能力、抗压能力等等，基于同学本身，MT计划也给予相应的选择权。

2. 培训发展

绫致培训生 Q&A:

Q1: 培训生计划的培养方向有哪些？有无严格的专业限制？

A1: 培养方向包括：零售管理，零售培训师，服装搭配培训师，陈列师。其中，零售管理、零售培训师，不限专业招募；服装搭配培训师、陈列师需要有美术、设计等相关的专业背景。

Q2：是不是一开始就要确定自己的培养方向？以后还能改吗？要是自己不能明确怎么办？

A2：在开始阶段需要了解每个人的初步意向。在面试和培训的过程中，公司会根据个人的表现、能力和特质向培训生提供建议，双方共同商定最终的工作方向。

Q3：培训生计划是否是一个培训性质？和就业相关吗？需要缴纳任何费用吗？

A3：培训生计划是绫致时装公司的重大人才储备计划，旨在培养储备各个目标职位有潜力的人才，并不是一种单纯的培训。

培训生在通过面试录取的前提下，大学毕业前，与公司签订实习协议及三方协议。在大学毕业后，与公司签订劳动合同，一经加入培训生计划，即属于公司的正式员工。整个培训过程中，不会向毕业生收取任何费用，并且会在工作期间支付薪资。

四、校园招聘与要求

1. 校园招聘岗位

绫致时装历年校园招聘职位一览
管理培训生——零售管理
管理培训生——货品管理
管理培训生——零售培训师
管理培训生——陈列管理
管理培训生——服装搭配培训师

2. 招聘要求

（1）全日制本科及以上学历，不限城市、不限专业、不限学校，有志于成为时尚行业的专业人才；

（2）具有优秀的沟通协调能力、杰出的人际交往技巧和团队精神；

（3）具有开放、创新思维与综合管理发展潜质；

（4）具有责任感、进取心、务实精神和服务奉献的意识；

（5）诚信正直、态度积极，具有领导潜质，追求卓越并注重结果；

（6）自我激励并富有活力，能承受较大的工作压力。

3. 应聘贴士

（1）关于申请

Q1：我已经投递了申请表了，可是怎么没有收到自动回复呢？

A1：请检查一下自己邮箱里的垃圾邮件文件夹，因为自动回复的标题问题，所以自动回复可能会转进垃圾邮件里了。为了避免错过绫致时装的相关通知，可以将@bestseller.com.cn

加入安全收件人的列表中。收到回复即代表申请已被接受，不用再重复投递。

Q2：网申要什么条件才能通过呀？我没有做过学生工作什么的，是不是就没有机会了？

A2：有这些经历，只是加分项，而不是必备项，通过网申的必要要求是：

①国家统招全日制高校的应届毕业生（本科及以上）；

②申请表前三项基本信息填写完全；

③期望面试地点正确选择（自己填写选项以外城市无效）；

④申请表第十一项开放性问题，完整认真地回答。

Q3：是不是期望职位方向定下来就不能改了呀？

A3：申请表中的期望职位方向只是看一下你目前的想法，未来的职位发展方向，会根据你在培训过程中，尤其是轮岗培训里个人潜力的体现以及你的期望来确定。所以，现在申请什么职位不代表以后一定必须去做那个职位。

Q4：我之前的申请表填写得不合格，是不是就没有机会了？

A4：没有关系，如果确实想要应聘这个职位，只需要将申请表认真填写完整，发送至相应的邮箱，即可重新获得机会。

Q5：网申不太可靠吧，我发很多公司网申怎么都没有回应呢？是不是还是当面递交申请表比较稳妥呀？

A5：网络递交申请表会是很高效的一种方式，可以方便保存大家的信息，随时调用。无论填写任何公司的网申资料，如果想获取面试的机会，都请同学们一定要认真对待，从你的字里行间，都是可以感受出你的用心程度的。在这里，用心的申请都可以得到面试的机会的。同时，我们在宣讲会、双选会现场，也都是可以接受大家填写好的职位申请表的，也欢迎大家在这些场合与公司面对面地交流。

Q6：离申请截止日期还早，不忙现在就投递吧？

A6：绫致的MT面试安排是滚动式进行的，我们会随时根据申请的数量进行面试的安排，招聘到合适的数量，我们即将组建一个MT班次正式开始培训和工作。如果招聘满适合的人选，也可能会提前停止招聘。

（2）关于面试

Q7：绫致的面试流程是怎样的呀？

A7：我们将会有三轮面试，第一轮为多名候选人参加的集体面试，第二轮为多对一形式的压力面试，第三轮为一对一的确认面谈，每轮的时间间隔为五至十个工作日。

Q8：我面试的时候看到一天里同时会有集体面试、二次面试，那我的两次面试为什么不能安排在同一天呢？我从外地过来的。

A8：绫致的面试安排是滚动式进行的。在集体面试之后，二次面试之前，会有一个店铺访问的任务需要通过了集体面试的同学完成，所以中间会有一定的时间间隔。你们的申请表中，有一项内容就是大家的期望面试地点，请充分考虑你是否能够有时间和精力来往于你所在的城市和面试的城市。

4. 招聘日程与流程（2012 届，2011 年）

全国各校园招聘城市的简历接收将于 8 月 29 日正式启动，我们仅接受投递标准职位申请表的申请。标准职位申请表与调查问卷中有三张 Excel 表页，填写时请注意填写完整。发送申请邮件时，请注意将邮件标题写为："申请培训生"。希望参加哪个城市的面试，便将申请表投递至相应城市的简历接收邮箱（略）。

在线投递简历
第一轮面试：集体面试
第二轮面试：压力面试
第三轮面试：确认面试
签订协议
毕业后签订正式劳动合同

五、网申攻略

1. 网申指南

在绫致时装官网上填写申请表格，不必再上传简历；公司人员将根据绫致公司的用人要求进行筛选。网申中有开放性问题，回答时需注意一下。从网申到电话通知面试之间会隔一段时间，长短不均。

2. 网申小贴士/注意事项

（1）在申请期间，当很多人在线申请的时候，网站容易出现死机或联不上服务器的情况，所以建议大家挑选人员相对不密集的时间上网，如午饭时、凌晨等；此外记得填写完一页就及时保存所填写的内容，免得做无用功。

（2）配置不太好或上网环境不稳定，机器常常会在长时间联线后出现死机断网的情况，所以，最好去网速快的地方上网；还有在填写比较大篇幅的问题的时候，尽量在word环境下填写，然后再粘贴到网页上去。word保存还有一点好处，那就是它可以显示一些错误，提醒你改正，尤其是一些不太容易察觉的比如拼写之类的小错误。

（3）网申系统在线修改服务，不必等到所有的问题都答完才保存。只要在结束期限之前，都可以上去更新你的简历和思考更好的答案。

（4）千万别犯低级错误，注意拼写、语法等细节问题。在"复制、粘贴"的时候，注意格式的变化，有些特殊字符在文本框中不能正常地显示，需要替换为*号和#号等分类符。

（5）请注意网申的系统。首先，你的信息要尽可能填得完善，因为网上申请有一个很重要的检索步骤是电脑自动地按照关键字来检索，所以如果你的申请资料上没有HR想要的这一类关键字，很有可能你就被筛选掉了。因此，最好尽量在你的资料中覆盖这些重要的关键字。当然，你不可能知道这些关键字具体是哪些，因此最好的办法是尽可能填得完善。

（6）网申时需要申请者上传照片，请大家注意照片大小以及尺寸的限制。此外，建议大家一定要上传自己比较满意、画质比较清楚的照片。

（7）申请提交成功后，应聘者应经常查阅E-MAIL邮件，并务必常于网申站点处进行登录，查看笔试通知信；由于有的E-MAIL邮箱对于一些邮件具有自动屏蔽功能，通过网申系统查看通知信是最为稳妥的信息接收方式。

（8）应聘者应对个人填报信息的真实性负责。同时，请务必保证提交的联系方式（包括

E-MAIL 邮箱、手机等）正确无误，并保证通讯畅通。

3. 面试小贴士

（1）备考时要熟悉自己简历的内容，根据简历思考可能会遇到的问题及自己的答案，一定要真实。

（2）提问中比较关注学校内的社会活动，如兼职和社团活动等。

（3）电面时要保持手机接听畅通，且最好保持比较好的接听状态。

首先，大企业是绝对注重TEAM WORK的，所以不要表现得太英雄主义，反映到讨论上，就是别自己一味地说自己的观点，不听组员的意见，也不要对别人的观点老是否定和质疑。但这不代表我反对对组员的观点进行补充或者对其欠缺的地方提出疑问。因为毕竟这是面试，虽然是分组形式，但不可能一个TEAM的人全留下，还是要挑出优秀的。因此，要注意别人说的有什么需要补充的地方或漏洞，这才能显示出个人能力和全队协调能力的兼具。

另外我想说的是，一定有些同学会紧张，或思路不明确，不敢说、怕说错，抑或思路比较明确，但嘴跟不上脑，这样就要看你的团队里领头的那个人了。我这么说，是因为参加过分组讨论类面试的人一定都有体会，往往讨论中一定有一个组员会像队长一样滔滔不绝或者经常概括性地发言，那么这就是你的机会，他帮你打开了话题，你就顺着他的思路说就好了，总结性发言你不会，骨头架子搭起来了，往里添肉你总会吧。总之，别老抢着发言，让人觉得你爱出风头，也别老是不说话，让人觉得你没水平（这个时候沉默可不是金）。还要适当地帮助一下全队里经常不说话的那个人，照顾一下团队成员会让面试人觉得你很有 team spirit。

总之，放松心态，正常发挥，你一定行的。

4. 面试经验分享

（1）面试常见问题

绫致一面的具体步骤大致是这样的：主持人一开始会问对绫致培训生的理解，勇敢的同学可以在这里大胆表现，然后开始常规程序：

①分组，并各自上台自我介绍。

②小组讨论：就是按重要性给选项排序。

③小组代表上台总结。

④也是最尴尬的环节，分别说出组内最优秀的和表现最欠缺的同学，没有想象中的紧张，面试官很优雅，让人很舒服，不是传说中的很强势、咄咄逼人的女强人。

面试的大致问题如下：

①性格测试，25分钟。

②自我介绍。

③根据简历提问，关于个人性格和过去的实习经历。

④自我的优缺点。

⑤面试过的公司有哪些，以及若其他公司也向你投来橄榄枝，该如何取舍。

⑥家人对你的影响。

⑦薪酬没有预期的高怎么办。

⑧对于管培生的理解。

⑨今后的职业发展规划，最后就是回去写一份关于他们其中一个品牌的报告。

大概就这么多了，祝愿大家都能面试成功！

（2）过来人经验：BESTSELLER完整面经

经过长达近一个月时间的三面，终于在今天下午 2：44 拿到了自己的offer——绫致时装管理培训生。走出已经熟悉起来的世贸天阶的时候，突然有点想哭的冲动。

从9月23日开始网申起，到今天11月12日，一共申请了97家公司，简历能够通过的寥寥。蒙牛、平安、强生、葆婴、海信、华旗、绫致，不断地受打击，不断地再重振信心。

一面：小组面试。

早晨10：00开始。一定不要迟到，因为我们那组迟到的没有一个进入二面。穿着如果把握不好正装是不错的选择，比较中性，穿上去显得人也比较自信。22个人一共是4个男生，18 个女生，大部分是北服的MM。进去后首先会发编号分组，这个时候也有个小技巧，最好避开那些看上去就比较强势的人，因为在一个组里不会晋级太多。迟到的人就随机分到了已经分好的组内。

首先是介绍下大家对管理培训生的认识。不是必答，举手发言，差不多有3 个人能够得到发言机会。这个估计对后面影响不是很大。如果没有很好的认识不用去出这个风头。后来进二面的人里面包括我在内的两个人是发了言的。

其次是1分钟的自我介绍，切记：不要超时！不用过多地介绍简历上的东西，而是要介绍自己最特别的地方。我当时说自己喜欢帮女生挑衣服，这也直接成为了大家记住我的契机。另外，一定要自信、自信、自信！绫致是非常看重自信与自我气质的。自我介绍是最好的表现自己的机会，强势点没关系。

然后是性格测试，一张试卷。这个因为没有具体问过意义在什么地方，也就不知道其中的玄机了。大家尽量还是表现得真实一些比较好吧。

最关键的则是小组讨论。这是一面的核心部分。三个小组都会分到同一个话题：唐僧、孙悟空、猪八戒、沙和尚谁最适合做销售人员。答案不是很重要，但是在整个过程中一定要有条理。当时我所在的小组只有我一个male，所以被迫担负起了leader的位置，而且因为之前看过面经，所以把time keeper的责任也放自己身上了。尽量不要做总结发言的人，我当时是被迫做了。另外一个小组发言的人——北服的帅哥就因为表达不清楚被自己的队员给指责了，后来他也就被 pass 了。

讨论完了之后会让你说出小组表现最好和最差的人，一定得说。但是要注意陈述的理由一定要充分。不能说自己，也不能不说。我当时是很荣幸地被小组其他的人推荐为最佳，所以当时我就有了充分的自信进入二面了。

剩下的是个英语测试。结果证明：这个部分绫致是不看重的。因为我进二面的时候还有个牛人，这个测试根本没做，只有一句话：I'm sorry，my English is poor。不过我还是觉得大家尽自己努力认真对待吧。

二面：行店调查+压力面试。

首先接到电话，让去逛三家旗下品牌的门店，做出一份调研报告。进入这一面的有 6 个人：我，北服乖乖女，中青院我的朋友，中青院新闻女，国关学院牛人女，还有个印象不太深的……行店调查一定要做，一定要去看。我那朋友就没去，空想了一番，然后直接被问得无话可说。细节，去观察细节。细节决定成败。在这一面我也可以自信地说我做得是6个人中最好的。其他所有人都只做了3页，最多也就走了 5 家店。我一共去了 7 家店和11 家相关品牌的直营店！三天时间还饿了顿饭。记住，比其要求的多做一点点你就比别人赢得了许多！我的行店报告还设计了调查问卷，一共做了15 页。还有一个细节是：面试官是4个人。所以一定要多复印几份你的报告，其他几个人都只带了 1 份去。

面试的时候如果你的报告做得够真够细致，他们反而不会问你很多问题（当时报告做得好的三个人成为了进入三面的三个人）。他们会从其他方面来问你，这些和普通面试的问题没什么大的区别。只是问题的速度很快，你不会有太多时间去考虑，所以还是把最真实的自己展现出来比较好。

最后分享一个二面的细节：我不知道是不是故意考察，坐的椅子是转椅，我走的时候也斜了，然后我把它扶正了。我进去的时候椅子是斜的，证明前面一个人没有注意这个细节。（我前面进去的那个人被淘汰了）

三面：确认面试。

一面和二面的突出表现让我对三面不太重视，也差点让我失去了这个 offer。 网上很多地方都说三面不会下人，结果是错的。我们最终进入三面的三个人中北服的乖乖女就被无情地pass掉了，最终我和中青院新闻女拿到了offer。

三面不会有什么要准备的东西，直接去。然后是ONLY的品牌boss，一个超级强势的女人，北外出来的。一分钟一个提问，强调简洁明了。这与我的面试风格很不符合，我之前的面试都会谈很多东西，而这个面试官却要求简洁！所以用她的话说，我的三面是不合格的（我并不是说大家要简洁，这种面试官遇见了也只能说是少数，学会察言观色吧）。三个人分别面完之后又把我叫进去了，这是因为前两面的面试经理觉得我很不错，所以帮我求了情再给了我一次机会。boss指出了我面试表现的缺陷，然后又问了我几个问 题，但是我还是因为紧张的原因表现得不是很好。在两方陷入几秒的僵局的时候，我用了我的奥义必杀，说了三句话：经理，我非常渴望加入缨致，我相信我能做好，我会尽我所能地做好！三句话让boss点了下头，"我给你这个机会！"

然后boss给我们分享了一些她的经验，我也没怎么听，因为当时已经接近一种崩溃了……

参考
文献

[1] 张剑峰. 服装专业毕业设计指导. 北京：中国纺织出版社，2011.

[2] 徐东. 服装毕业设计指导教程. 北京：中国纺织出版社，2004.

[3] 百度文库http://wenku.baidu.com

[4] 过来人求职网http://www.guolairen.com

若需要更多有关本书的参考资料，请登录合肥工业大学出版社网站

进行下载。